从美感两重性到情本体

——李泽厚美学文录

李泽厚 著
马群林 编

山东文艺出版社

图书在版编目（CIP）数据

从美感两重性到情本体：李泽厚美学文录 / 李泽厚著；马群林编 . —济南：山东文艺出版社，2019.6
ISBN 978-7-5329-5862-7

Ⅰ . ①从… Ⅱ . ①李… ②马… Ⅲ . ①美学—文集 Ⅳ . ①B83-53

中国版本图书馆CIP数据核字（2019）第094438号

从美感两重性到情本体
——李泽厚美学文录

李泽厚 著　　马群林 编

主管单位	山东出版传媒股份有限公司
出版发行	山东文艺出版社
社　　址	山东省济南市英雄山路189号
邮　　编	250002
网　　址	www.sdwypress.com
读者服务	0531-82098776（总编室）
	0531-82098775（市场营销部）
电子邮箱	sdwy@sdpress.com.cn
印　　刷	山东临沂新华印刷物流集团有限责任公司
开　　本	890 毫米×1240 毫米　1/32
印　　张	9.25　插页 / 5
字　　数	236 千
版　　次	2019 年 6 月第 1 版
印　　次	2019 年 6 月第 1 次印刷
书　　号	ISBN 978-7-5329-5862-7
定　　价	79.00元

版权专有，侵权必究。如有图书质量问题，请与出版社联系调换。

前记

承程广林先生盛情提议，山东文艺出版社田雪莹女士三次邀约，刘再复先生一再促勉，马群林先生不辞辛劳，此书得以问世。本想略事修饰，却已无力能为，强勉以求，适得其反。深感人生易老，亦惑时势迁移，年逼九旬，或将以此书告别兹世矣。拙作既粗疏简略，又重叠赘累，却蒙不少读者多年关爱，感愧之心，未曾少释，趁此机缘，谨作拜谢。

长沙李泽厚于异域波斋　2019年3月

目录

前记 / 001

第一辑 美是自由的形式 / 001

"人化的自然"落实为"自由的形式" / 002
"自由的形式"与"度的本体性"紧密相关 / 007
"度"与个体创造 / 014

第二辑 美感二重性与四要素集团 / 029

何谓"美感二重性" / 030
美感二重性与四要素集团的关系 / 032
美感双螺旋(Aesthetic Double Helix) / 054
实践美学发言摘要 / 058

第三辑　建立新感性 / 081

人性心理本体　/ 082

原始积淀　/ 091

审美形态　/ 098

人性与审美形而上学　/ 110

第四辑　中国传统美学的述说 / 125

孔门仁学　/ 126

"逍遥游"　/ 141

"值得活吗？"　/ 154

禅意盎然　/ 168

第五辑　理性的神秘与美育代宗教 / 189

语言是存在之家？　/ 190

天地境界　/ 204

感伤中的神意　/ 216

　　[附] 邓德隆：中国的山水画有如西方的十字架　/ 232

第六辑　美学是第一哲学 / 239

与刘再复的美学对谈 / 240
美学作为第一哲学与物自体问题 / 254
超道德与情本体 / 265
作为补充的杂谈 / 269

附录　李泽厚著作年表简编 / 281

编后记 / 286

第一辑 美是自由的形式

"人化的自然"落实为"自由的形式"

"人化的自然"①本见于马克思的早期著作，但马克思并不是谈艺术或审美活动问题时提出这个概念，而是在谈人类劳动、社会生产等经济学和哲学问题时用这个概念的。所以，马克思用它（"人化"）并不是像现在我们许多人②所理解那样是指审美活动，指赋予自然以人的主观意识（思想情感等），而是指人类的基本的客观实践活动，指通过改造自然赋予自然以社会的（人的）性质、意义。"人化"者，通过实践（改造自然）而非通过意识（欣赏自然）去"化"也。所以，自然的人化是指经过社会实践使自然从与人无干的、敌对的或自在的变为与人相关的、有益的、为人的对象。用马克思的原话来说这就是"自然的向人生成"，自然变成了"人类学

---

① "人化的自然"与"自然的人化"二词通用，含义一般不作区别，全书同此。

② 我一直强调使用—制造工具的"狭义"实践基础地位，它人化了外在自然，不仅心理和眼耳，而且人的许多器官。这里引几句以前未曾提到的话："人类正是在工具中不断地制造自己"，"由此大量的精神创造物从人类的手、胳膊和牙齿产生出来。弯曲的手指变成了一只钩子，曲陷的手掌变成了一只碗；人们从箭、茅、桨、铲、耙、梨等工具中，可以观察耳、胳膊、手和手指的各种动作，很显然这些动作是适用于打猎、捕鱼、园艺和耕种的工具"。（Evnst Kapp引自Carc Mitcham：《通过技术思考》中译本，辽宁人民出版社，2008，第31、32页。）

的自然"是"人类的非有机的躯体"。①这个变化靠意识、审美、艺术是办不到的,而只有靠感性物质的生产活动才能办到。所以,"人化"的这两种解释,看来也许只是毫厘之差,但实质却有千里之别。在美学上,前者就必然把自然美的产生、发展只放在与人们主观的心理活动的联系中考察,把自然美归结于思想、情感、意识能动作用的结果;而后者则必然把自然美的产生、发展放在与客观社会的历史行程的联系中考察,从实践对自然的能动关系中,历史地具体地来把握和了解自然对象与人类生活实践的丰富、多样、复杂、变化的客观联系,它对人类生活的客观的关系、地位、作用、价值、意义等等,说明它们构成了自然或自然物的社会性,而这种客观社会性就是自然美丑的本质。我以前曾举过许多例子,如太阳、泥土(美)、洪水猛兽(丑)等,用来说明:"从历史上大体看来,自然美的社会性最初主要是较直接简单的与人类生活的经济功利关系,如狩猎民族以某些动物为美的艺术对象(其实这时的自然美只是社会美)。后来这种明确直接的经济功利关系大多被代以隐蔽间接的精神的娱乐休息等关系"。(见《关于当前美学问题的争论》)今天虽然还有直接经济功利或物质生活内容为美的自然对象(如画玉米、白薯等),但主要趋势却是二者分家了:月亮、星星今天比太阳、土壤更经常为人所欣赏,齐白石虽然也画白菜,但主要仍是画花草。那么,这种分家是不是说"自然人化"说就错了呢?人们常常喜欢问:星空、月亮、原始森林并没有去"化"它,并没人去劳动、改造、实践,也并没有什么"有利""有益"(善)的社会性,那它们为何还是美的呢?其实,这都是对"人化"理解得太狭隘、表面了。所谓"人化",所谓通过实践使人的本质对象化,并

---

① 马克思:《经济学—哲学手稿》,人民出版社,1957,第9491、57页。

不是说只有人直接动过的改造过的自然才"人化"了，没有动过、改造过的就没有"人化"，而是指通过人类的基本实践使整个自然逐渐被人征服，从而与人类社会生活的关系发生了改变，有的是直接的改变（如荒地被开垦，动物被驯服），有的是间接的改变（如花鸟能为人欣赏），前者常常是局部的、可见的改变，而后者却更多是整体的看不见的改变，前者常常是外在自然形貌的改变，后者却更多是内在关系的改变，而这些改变都属于"人化"这一范畴。所以，人化的自然，是指人类社会历史发展的整个成果。人类经过几十万年的生产斗争，到今天就整个社会生活来说，自然已不再是危害我们的仇敌，而日益成为我们的朋友。自然由"自在的"而日益成为"为我的"了。这种"人化"当然对人们就具有普遍的客观有效性（社会客观性），因为它是人们社会实践的历史必然成果，而不是任何个人主观意识在审美中的偶然的、一时的作用。而正是在这个普遍的整个社会历史成果的基础上，我们才能爱荒凉的河岸、原始的森林，会欣赏狠恶的野兽、凶猛的暴风雨……自然才能以其外形、形式取悦于人，尽管这些自然事物并没为人所直接驯服或改造，尽管它们的那个狭窄内容于人并不直接有利、有益、有用（如暴风雨之于庄稼）。所以自然美的本质——"人化"，是一个极为深刻的哲学概念，而不能仅从它的表面字义上来狭隘、简单、庸俗地去理解和确定；正如马克思主义所讲的"实践"是一个深刻的哲学概念，不能从它表现为"污秽的小商人活动的方面加以理解和确定"[①]。

自然美的本质在于"自然的人化"。但是，正如美的本质、内容是现实对实践的肯定（客观社会性），而美却还有自由形式的一面（具体形象性）一样，自然美的本质、内容是"自然的人化"，

---

① 马克思：《费尔巴哈论纲》。

而自然美的现象、形式却是形式美。对这一点的任何忽视，就会走向庸俗化。所以，我以前在论证自然美的客观社会性时，就一再强调说过这点。今天山水花鸟等大自然的美多半是一种形式美。所谓形式美，不是指形式充分、完满地体现了内容的意思（这是内形式），如现在讨论中有些人所认为的那样，而是指与该具体内容好像无干的，相对独立的外在形式的美。（因一切艺术美均有其外形式的方面，所以形式美的规律都起作用，只是在某些偏于形式的艺术中起的作用显得更突出一些，如实用艺术、戏曲等，在某些更偏重内容的艺术，如语言艺术、电影等，显得较隐蔽一些。前者的社会思想内容更为朦胧、宽泛，不很明确、固定，如桌椅床铺的美就不能要求有小说电影那种明确的社会思想内容。）它们基本上是自然规律的某种抽象、概括的形式：一定的自然质料如色彩、声音……一定的自然规律如整齐一律、变化统一……一定的自然性能如生长、发展……但它们之所以成为美，之所以能引起美感愉悦，仍在于长时期（几十万年）在人类的生产劳动中肯定着社会实践，有益、有利、有用于人们，被人们所熟悉、习惯、掌握、运用……于是才具有美学价值和意义。原始艺术史证明，像曲线、圆形、光滑、小巧等等"形式美"，正是来自实践与自然的这种关系中。而形式美所以又与人们的生理快感密切联系在一起，则是因为人作为实践主体，总是在主观意识的支配、计划下，以其感性生理的四肢五官来进行客观性的活动。因此，在漫长的实践史程中，人类客观性的生理活动，因适应社会需要，主观目的又符合自然规律、客观现实，从而形成和具有了与动物的生理存在不同的特定性质和结构，"人的感觉，诸感觉的人类性，只有通过它的对象的定在，通过人类化了的自然才生成起来。五官感觉的形成是全部至今的世界史的一个工作"。①实践在人化客观自然界的同时,也就人化了主体的自然——五官感觉,使它不再只是满足单纯生理欲望的器官,而成为进行社会实践的工具。正因为主体的自然人化与客观的自然的人化同是人类几十万年实践的历史成果,是同一事情的两个方面,所以,客观自然的形式美与实践主体的知觉结构或形式的互相适合、一致、协调,就必然地引起人们的审美愉悦。这种愉悦虽然与生理快感紧相联系,但已是一种具有社会内容的美感形态。因为它是对现实肯定实践的一种社会性的感受、反映,而不是动物式的消费欲望的满足。将两者混为一谈,无视前者所具有的社会性质,简单地认为自然美、形式美只是满足人们生理快感,这是完全错误的。所以,不同的自然规律、形式具有不同的美,对人们产生不同的美感感受,还是由于它们与不同的生活、实践的方面、关系相联系的结果。例如不同的色彩(如红、绿)的不同的美(或热烈、或安静),就诚如车尔尼雪夫斯基所指出的那样,是来自它们与不同的具体方面、生活相联系(红与太阳、热血,绿与植物、庄稼)。此外,如直线与坚硬的、困难的(不可入)东西;曲线与流动的、柔软的、轻巧的东西;波状线与动,回旋线与静;崇山峻岭与艰难险阻;山明水秀与活泼自由……尽管具体事物或内容完全不同,但在形式里面不仍然有着某种内在(自然质量的或过程的)联系和关系的相通和类似吗?舍开其具体内容,这种相通和类似之抽象概括就正是形式美的特性(外形式)。所以,形式美、自然美也仍是客观的,社会的。

---

① 马克思:《经济学—哲学手稿》,人民出版社,1957,第89页。

"自由的形式"与"度的本体性"紧密相关

"度"来自生产技术

什么是"度"（proper measure）？"度"就是"掌握分寸，恰到好处"。为什么？因为这样才能达到目的。人类（以及个人）首先是以生存（族类及个人）为目的。为达到生存目的，一般说来，做事做人就必须掌握分寸，恰到好处。

人（人类及个人）要做的第一件事，就是维持肉体生存，即食、衣、住、行。要食、衣、住、行，就要进行"生产"，所以，这个"恰到好处"的"度"首先便产生和出现在生产技艺中。动物也生存，也掌握"恰到好处"，那是出生后生物族类本能不断训练的结果。你没看见过小动物的各种"游戏"活动吗？那就是为了训练、培育这种"恰到好处"的肢体及神经技能。由于人类是以使用—制造工具来猎取、采集、栽种、创造食物的生物族类（见拙作《批判哲学的批判》，以下简称《批判》），其世代相传、相互模仿（mimes）而不断扩大的生产技能中所掌握的"度"，比之任何其他生物族类，便无比广阔。

我曾以"人类如何可能"从根本上回答"认识如何可能"（见《批判》）。"人类如何可能？"来自使用—制造工具。其关键正在于掌握分寸、恰到好处的"度"。"度"就是技术或艺术（art），即技进乎道。可见，"度"之关乎人类存在的本体性质，非常明显而确定。没有这个技艺的"度"，人类就不能维持生存，族类（以及个体）就不存在。《周官·考工记》说："天有时，地有气，材有美，工有巧，合此四者，然后可以为良。""弓人为弓……巧者和之。"①郑注："和，犹调也。"所谓"和""巧""调"，都是描述生产技艺中这个无过无不及的"度"，真是"增之一分则太长，减之一分则太短"，"差之毫厘，失以千里"。

可见，"度"并不存在于任何对象（object）中，也不存在于意识（consciousness）中，而首先是出现在人类的生产—生活活动中，即实践—实用中②。它本身是人的一种创造（creation）、一种制作。从而，不是"质"或"量"或"存在"（有）或"无"，而是"度"，才是人类学历史本体论的第一范畴。从上古以来，中国思想一直强调"中""和"。"中""和"就是"度"的实现和对象化（客观化），它们遍及从音乐到兵书到政治等各个领域③，

---

① 刘师培："巧字从工，亦训为技。"见劳舒编：《刘师培学术论著》，浙江人民出版社，1998，第64页。

② Hegel也讲"度"，但那是"有""无""质""量"之后的产物，这是Hegel西方基督教背景的唯心主义和理性主义，不同于历史本体论的中国人类学传统的唯物主义和经验主义。

③ 《孙膑兵法》："弩张，柄不正，偏强偏弱而不和。"《左传·昭公二十年》："宽以济猛，猛以济宽，政是以和。"《新书·道术》："刚柔得适谓之和。"《广韵》"和，顺也，谐也，不坚不柔也"，以及"恭而不难，安而不舒，逊而不谄，宽而不纵，惠而不俭，直而不径"（《大戴礼·曾子立事》）。"易知而难狎，易惧而难胁，畏患而不避义死，欲利而不为所非，交亲而不比，言辩而不辞"，"宽而不慢，廉而不刿，辩而不争，察而不激，寡立而不胜，坚强而不暴，柔从而不流"（《荀子·不苟》），都是讲的这个"度"。也就是我多年讲的$A \neq A \pm$，见拙作《中国古代思想史论》《论语今读》等。

其根源则仍然来自上述《周官》所说的"工有巧",即生产技艺中的"和""中""巧""调"。"度"是"中""和"的本义,是"中""和"的实现行动。Teche的希腊文本义也是让事物从隐蔽中涌出,倒正好点明人通过制造—使用工具的"度"的把握而实现出的创造力量。用我以前的话说,这也就是在成功的实践活动中主观合目的性与客观合规律性的一致融合①。人的本源存在来自此处。

人类既依靠生产技艺中"度"的掌握而生存、延续,而维系族类的存在,"度"便随着人类的生存、存在而不断调整、变化、扩大、更改。它是活生生的永远动态的存在。也只有从这里去解释"生生"(《易传》),才是历史本体论的本义。从Kant、Hegel、Marx将哲学问题归结为主体性问题,而现象学的"一切原则的原则"也是通过主体性来论证其有效结构和组成中(也即在其构造中)的一切客体的客观性。所有这些,似都应从此生产技艺中的"度"来解说,才能得到真正的本源。

"度"——"和""中""巧",都是由人类依据"天时、地气、材美"所主动创造,这就是我曾讲过的"立美"。掌握分寸、恰到好处,出现了"度",即是"立美"。美立在人的行动中,物质活动、生活行为中,所以这主体性不是主观性。用古典的说法,这种"立美"便是"规律性与目的性在行动中的同一",产生无往而不适的心理自由感。此自由感即美感的本源。这自由感—美感又不断在创造中建立新的度、新的美②。

---

① 参阅拙作《批判哲学的批判》《美学四讲》。
② 参阅拙作《美学三题议》(1962)、《批判哲学的批判》(1979)。

结构、形式与超越

"度"作为物质实践(操作活动及其他)的具体呈现,表征为各种结构和形式的建立。这种"恰到好处"的结构和形式,从人类的知觉完形到思维规则,都既不是客观对象的复制,也不是主观欲望、意志的表达,而是在实践—实用中的秩序构成。人类在使用—制造工具的实践操作中,发现了自身活动、工具和对象三者之间的几何的、物理的、性能的适应、对抗和同构、契合,发现不同质料的同一性的感性抽象(如尖角、钝器、三角形等等)[1],由于使用工具的活动使目的达到(食物以至猎物的获得),使因果范畴被强烈地感受到,原始人群开始了人的意识。以"度"作为本体性的人类主体性对自己主观性的要求,首先是操作活动的规范化和程序化,程序化展现为各种巫术礼仪形式的操作—演算口诀的建立,然后在意识上表现为由后世形式逻辑及各类抽象范畴所表达的认识功能。这个认识论的方面,拙作《批判》一书已加以检讨,即从实践(亦即"度"的本体性)来谈人类认识形式的建立。

这里要强调的只是,这种种人类意识的萌芽,都是在亿万次大量经验尝试错误中通由个体突发涌现出来的"完形"。出来之后,被原始人群不断模拟(mimes)而得到巩固和传授。它实际具有一定的偶然性,这也就是真正的创造性。这种创造和模拟带来了心理上的情感愉快,这就是"领悟"。这"领悟"的中心是想象——即对客观并不存在的状态或事物的情感性的理解和知觉,这也正是上述美感即自由感的起源。

第二,"度"不仅使主体认识形式得以建立,而且主客体之分

---

[1] 参阅拙作《美学四讲》。

也是在"度"的本体性基础之上才能实现的。主客体在"度"的本体中本来混而不分，但在主观性的意识中，却逐渐需要区别。因为，"度"本是依据各种具体的天时、地利、人和（群体协作）而产生，从而，对天时、地利、人和等各种事物的性能、情境、状态的把握，便成为"度"和掌握、了解、认识"度"的具体内容。如《考工记》所云："烁金以为刃，凝土以为器，作车以行陆，作舟以行水。"兵刃、陶器、轮车、树舟……各个以其不同的物质材料，以其不同的性能、状态如坚柔、曲直、长短、厚薄、大小、锐钝、深浅等等，使天时（如春夏秋冬）、地利（如山、地、河浜）、人（如群体关系）、物材（如上述各种材料及性能）进入人的生存情境中，构成了"度"的本体性的众多的、形形色色的、各种各样的具体结构，并具有随时、空、条件不同的历史变异性。从而，"度"的本体性，作为本源，不仅是人为（主体的）发明（invention），而且又是自然（客体的）发现（discovery），所以，它的结构和形式能被普遍地应用于客观对象。不仅形式逻辑、认识范畴，而且像中国辩证法的阴阳、五行（声、色、味等等的杂多统一）也都是对"度""和""中"的主观解析。如前所述，在"度"的本体性中，主、客本是完全融为一体的，离开这个"一体"，主、客本无意义。也有如《考工记》所云："凡为弓，各因其君之躬志虑血气。"做弓以及弓，其价值和意义均不在其本身（即不在制造工具和工具本身），而在不同的人（如人的身材、气力以至性格）的使用（"君之"）中。"度"的建立是为了"用"，也只有在"用"中才能有"度"的建立。中国人说的"中庸"，即此意[①]。可见，主客体的二分是第二位的、次要的，它来源于人在实践活动中恰到好处的

[①] 参阅拙作《论语今读·6.29记》等。

"度"的建立。后世一切理性的形式、结构和成果（知识和科学），也都不过是人类主观性对"度"的本体性的测量、规约、巩固和宣说。可见，理性本来只是合理性，它并无先验的普遍必然性质；它首先是从人的感性实践（技艺）的合度运动的长期经验（即历史）中所积累沉淀的产物。它是被人类所创造出来的。

"度"的本体性（由人类感性实践活动所产生）之所以大于理性，正在于它有某种不可规定性、不可预见性。因为什么是"恰到好处"，不仅在不同时、空、条件、环境中大不相同，而且随着文明进展、人类活动领域的无比扩大，这个"度"更具有难以预测的可能性和偶然性。"度"的建立是各种创造发明和科学发现，也更是艺术的创造力量。这种似乎是神秘的动力即是我以前强调的"以美启真"。它"自然"地显现出某种新东西。我曾引述Einstein，它不是经验的综合，不是逻辑的推演，即既不来自经验，也不出自推理，而是"自由的创造（想象）"[①]。也有如他所说，我们所能经验到的最美的事物就是神秘，它是所有真实的艺术和科学的源泉。

历史本体便建立在这个动态的永不停顿地前行着的"度"的实现中。它是"以美启真"的"神秘"的人类学的生命力量，也是"天人合一"新解释的奥秘所在。"度"的本体性日日新，又日新，推动着人类的生存、延续和发展。这"日日新，又日新"，也就是突破旧的框架和积淀，突破旧的形式和结构，这就是"超越"。人只有在不断创造和超越中才能前行不辍，停顿就是静寂和死亡。科技将日日新，又日新，人类的生活也将如此。

概而言之，"实践"作为人类生存—存在的载体，就落实在"度"上。"度"隐藏在技艺中、生活中。它不是理性的逻辑（归

[①] 参阅拙作《批判哲学的批判》。

纳、演绎）所能推出，因为它首先不是思维而首先是行动。它显示这个本体性的非确定性、非决定性（ontological uncertainty, indetermination），它与美、审美相连，所以也才充分地表现在艺术—诗中：准确又模糊，主客体相同一的感受如此等等。

你看见那《周易》阴阳图的中线吗？那是曲线而非直线，这即是"度"的图像化。它不仅表明阴阳未可截然二分，表明二者相互依靠相互补足，而且也表明这二者总是在变动不居的行程中。这正好是对"度"的本体性所做的并扩及整个生活、人生、自然、宇宙的图式化。那曲折的中线也就是"度"：阴阳（即动静，见拙作《己卯五说》中《说巫史传统》）在浮沉、变化、对应以至对抗中造成生命的存在和张力。

"度"的恒动性、含混性、张力性也正是今日的后现代状态的人生。它不是理性所能框定的轨道、规则或同一性，它充满不确定、非约定、多中心、偶然性，它是开放、波动、含混而充满感受的。所以，即使把它比拟于Aristotle的"中道"（mean），也迥然不同于Aristotle以理知思辨为最高最纯的幸福。幸福仍然在感性的"度"中。人不是神。波状曲折的中线作为人的命运所在，正是"度"的本体性的本真实在。

但科技（主要是现代工业化以来的科技）、机器、数字、大生产……由于在资本社会中采取了极端理性化的形式和形态，使工具理性在所有领域内极度延伸和统治，便反而扼杀、堵塞、阻断了这个人的本体性的"度"的本真展示。所以，一方面，科技展现了人类总体的"度"的本体性的存在；另一方面，科技又扼杀着个体的本体存在。于是出现响亮的反科技的呼号。回到根本，回到源头，来重新探索，重新解释，成了今日哲学的要务。对"度"的本体性的确认和检讨，正是如此。而这恰恰与"立美"即美作为自由的形式相关。

"度"与个体创造

由"度"到美与形式感受

简单说来,不仅是因为生活高于语言(Wittgenstein),"做"(实践操作为基础)大于"说",而且也因为正是"做"中即技艺中(并不是在神秘的冥会、体认等精神状态中),有超语言的实在(the reality of unseen)。这实在不是上帝神灵的Logos,或恍兮惚兮的"道",而是实实在在对对象把握的心理经验。这种心理经验常常既非当下既定语言所能表述,也不是当时的知性认识所能分析。技艺操作发明的特点在于,它直接与人的各种感性因素(或功能)如知觉、情感、想象、意欲等等有多样的渗透或牵连,不能脱离作为活生生的人的个体。也正是它,使"度"的本体性能够诞生。"度"本来就是首先通过个体在实践操作中而不是先在逻辑推理上去发现和把握的。

如《历史本体论》开宗明义所说,"度"首先是人在操作—劳动—生产中为实现目的应用规则而达到的成功,从而维系、延续了人的生存、生活、生命。但在这成功的操作实践中,人的主观心理上所相应的感受,却不仅是目的达到的成功愉快,而且还有与个体运动紧相连接的肢体感受的愉快。因为肢体感受除开劳苦辛勤的方面外，还有肢体运作与外界事物交相融会吻合的方面。这交融吻合减轻了劳作的艰辛。例如，有节奏的走路、做事或协同工作，能使劳动和工作有效和轻便，从而人的身心也感到松快和愉悦。正是在这种有节奏、有秩序的操作实践中，人开始拥有和享受自己作为主体作用于外界的形式力量（forming force）的感受。这即是说，节奏等等形式规则成了人类主体所掌握、使用的形式力量，这就是所谓"形式感"（the sense of form）的真正源起。它包括节奏（或称韵律 rhythm）、对称、均衡、比例、顺序、简单、和谐等等。历史本体论强调这种种形式感不是来自静观、观察，而是来自活动、操作。除节奏外，如均衡便首先是通过劳动操作对重心和稳定性的把握中所感受到的形式力量和形式感，而后扩展到对象世界。对称则是从人体左右手操作活动的形式力量和形式感开始而扩及对象世界。其他如次序、比例、简单、和谐（杂多中的统一）等等，都如此。但每个操作、活动都是特殊的、具体的；这种普遍性的形式感却是通过众多特殊操作的肢体运作的感受中，人们概括地掌握并普遍地应用于对象世界不断取得成功才获得的。从外在能力说，这是人类由使用—制造工具所获得而拥有的技艺，即"度"的工具—社会本体力量的诞生和扩展；从内在心理说，这是构成人性能力的心理—情感本体力量的诞生和扩大。这便是人的"自由"的开始。动物在其生存活动中也可以有"技艺"，有"度"，但由于不能普遍必然地使用—制造工具，它们所可能获得和拥有的形式力量和形式感及其概括性便远为狭隘、单一和贫弱。这里，"量"（使用工具活动的无限多样）便造成了"质"（人所独有的自由）。与工具使用多样复杂并行的，是人群关系和语言交流的多样复杂，从而使大脑皮层结构的分化复杂①。

可见，历史本体论谈论的"自由"，是人类生存本源意义上的人性能力，并强调它在起源上与人所拥有的形式力量和形式感受相关。形式力量是人类活动中所产生、所获得、所拥有的一种物质性的规范、造就、制成对象的力量。也由于此，这种力量所具有的普遍必然性（可以施加和适用于众多对象和境况）使人本有的生物潜能（体力、视力、听力、估计能力等等）得到了远超于其他动物族类的极大发展，而开始造成质的差异。人性能力出自这个来源于操作——实践却又概括成长起来的造型力量。它不仅优越于人类任何特殊的经验本身，也优越于任何具体的"度"，即"以一驭多"。而这，就是由"度"到"美"。1962年我在《美学三题议》中说，美是"自由的形式"，就是这个意思。任何具体的动作、活动均有具体的规律和目的，"自由"正是突破了种种具体而狭隘的规律性（客观活动）和狭窄的功利性（主观欲求），才成为"无概念的普遍性"和"无目的的目的性"，即"美"。在这里，人类主体力量表现在被掌握了的普遍必然的规律如节奏、对称、均衡、秩序……中。它由技术（尚局限在特定范围）到舞蹈（形式感的自由运用），由物质（实践操作活动）到精神（心理的自由愉悦）。

《历史本体论》说，"度即是立美，美立在人的行动中，物质活动中，生活行为中……产生无往而不适的心理自由感。此自由感即美感的本源。"但也不要以此而把"度"与"美"完全混为一谈。"度"是"美"的基石，可说是美的起点或原始的美（proto-beauty）。"美"更是"度"的自由运用，是人性能力的充分显现。

---

① 参阅 Steven Mithen, *The Prehistory of the Mind*, London, Thames and Hudson, 1996.

人对形式力量如节奏、比例、次序、对称、均衡等等的运用,通过物质工具和操作活动的多样性,开拓了广漠无垠的驰骋天地,这才是"美"。正是在"度"的基础上,这种人自由运用形式力量所取得的生存和延续,使"度"作为人的本体性得到了真正的巩固和展示。"度"还是"技","美"才是"艺"。"艺"之所以高于"技",在于它是"技"的自由运用。庄子那个"庖丁解牛"的著名故事说的就是这个由技到艺的过程。舞蹈之不同于杂技,也在于此。观赏者对杂技的观赏主要是对表演某项技能的惊叹赞服,而非对艺术的自由形式的观赏愉悦。舞蹈将技能(不止一种)抽象而普遍化,亦即自由运用形式技能(不局限于特定项目或境遇)再加上与"内容"性的情感、想象各种心理功能相交织,才构成审美愉悦。

再举作为非常重要的形式力量和形式感的节奏为例。正如一位研究者所提出:"使节奏由原来作为实际劳动活动的一种因素,变成对劳动的模仿和反映,从而使节奏与实际劳动过程相分离,取得一种感性普遍化的表现形式。通过巫术活动,使节奏成为调整和组织集体行动的一种工具,与原来的劳动脱离开来,而被普遍化地加以应用。"[①]

Dewey说:"人参与自然节奏,这种远比以认知为目的的观察更为亲密的伙伴关系,或迟或早,使人将节奏加之于尚未出现的各种变换中。那有比例的芦管,拉直的弦,绷紧的皮,通过歌舞使行动尺度成为意识。……为实物造型的工技结合着声音和自我控制的身体活动的节奏,使工艺获得了美的艺术特质。从而领悟到的自然节奏,用在给混杂状态的观察和人类想象以显著的秩序。人不再将他

[①] 徐恒醇:《理性与情感世界的对话——科技美学》,陕西人民教育出版社,1997,第111页。

的必然性行动适应于自然循环的节奏变化,而是运用强加于他的这些必然,来祝庆他与自然的关系,好像自然已经授予他在自然领域中的自由。"①

节奏正是由最初的具体操作劳动的因素,概括成能普遍运用的、人的主动性的自由形式,进入"调整和组织集体行动的"巫舞构成。你听那黑人音乐,你看那黑人集合和行走时的节奏,不就是这种自由运用着并由意识积淀成无意识的形式力量和形式感吗?这时,节奏便由"度"而成为"美"。只有"度"摆脱了其具体目的和规律,而成为人所掌握且普遍应用的自由形式时,它才是美。这也就是上述Dewey所说的"好像自然已经授予他在自然领域中的自由"。

我以前之所以多次强调,线条优于色彩,绘画优于照片,笔墨(人手画的线)优于自然线条,道理也在这里。线是人对形式力量和形式感的自由掌握和运用,是人的创造力量的展现。由于使用—制造工具的实践操作活动,人手经由操作,积累而获得了这种能力和自由(后人则经由教育训练而承继),使人手的活动远远超出使用任何一种固定工具的僵化规矩和局限。人手经过个体所特有的力度、速度、姿态、变易,亦即个体生命力所展现出的"我手写我心",正是自由运用形式感所展现出的人的本质力量。一位研究者认为中国绘画讲究"拙规矩于方圆",更重视"由人手的自由运动画成的""有活力的线",认为它远远优越于由绳墨规矩所僵化的几何线条,并认为西方艺术理论"局限于视觉心理而不探讨这种视觉心理与人的活动之间的关系原因,这也与他们只是从静观而不是从人

---

① Dewey, *Art as Experience*, 第7章, *A Perigee Book*, 1980, 第148页。

的活动来理解艺术的基本态度一致的"①。这恰好可以作为上述由"度"到"美"的某种注脚。

形式力量和形式感所展现的人的"度"的本体性,也有如《美学四讲》举新石器农业时代的陶器纹饰的形式美所说,它所体现的人的生存的安全延续,这才是所谓"家园感"的深刻根源②。

可见,以"度"为基石的形式力量(美)和形式感(美感)是理性渗透、积淀、融合、交会在人的感性行动和多种其他心理功能、因素之中,而与人的全部身心,包括个体的体力、气质、性格、欲望、无意识……非理性因素相渗透相纠缠。这恰恰是个体差异和创造性的由来。

人和宇宙共在与自由直观

人在使用—制造工具的操作活动过程中,通过"度"的把握和理解,发现了快慢、多少、软硬、重轻、厚薄、斜直、锐钝等等材料本身的、材料和材料之间的、材料与主体之间的、材料和目的之间的种种关系、结构、特征,发现了其中的守恒性、前后性、重复性、连续性、对比性、干预性等等秩序、节奏和比例。这种种形式结构和人对它们的感受(形式感),如前所说,一方面与维系人的生存、生活、生命相关,同时又与自然界具有的物质性能相关,因之人与宇宙—自然便通过这些形式力量—形式感而形成了共存共在。这便是个体创造性的关键。

在《艺术即经验》一书中,Dewey大量论述了节奏与自然事物

---

① 高建平:《寻找美的线条》,载《哲学门》2002年第1期。
② 拙作《美学四讲》,第2章。

和人的生活的紧密关系：潮涨潮落，月缺月圆，四季循环，生老病死，醒与睡，饿与饱，工作与休息……①这里重要的是，通由劳动生产的实践操作所发现的这种种节奏、次序、均衡、对称……的形式结构，也就是发现整个宇宙—自然的存在性的形式关系。关键的一点仍在于，这种种关系都不是观念性、精神性、思辨性的，也不只是语言上的交谈或语法上的文本。一个时代社会的语言、思想是后天的，这个物质性的存在却是更本源更根本的。经验性的东西，包括实验室的操作结果，都是时代环境下的产物，具有很大的相对性和局限性。而人在物质操作的长久历史中所积累的形式感受和形式力量，由于与整个宇宙自然直接相关，便具有远为巨大的普遍性和绝对性。这些似乎抽象、概括的形式感比那些具体、实在的经验更普遍更必然更可靠，能导向更准确的"真理"，具有更大的"科学性"。好些大物理学家喜欢谈论"科学美"，他们甚至说，宁肯相信自己的美感，即上述的直觉形式感（如节奏、对称、均衡、比例、简单、次序），而不相信实验室的经验数据。为什么？也就是因为这种种形式感与宇宙的存在有深刻的关联。这个存在超出了上节所讲的辩证范畴所涉及的存在层。那个存在层只是文化心理结构中特别是处理人际关系的理性认知和人类智慧，是作为主体的人用以引导自己的认识而加在客体对象上的理性工具。这里所说的存在和形式感并不是理性工具，而是直接与感性交融混合的类比式的情感感受，这种感受是一种审美感受②。它的特点是与对象世界具有实际存在的同一性。它是与宇宙（Cosmos，秩序）同一的"天人合一"。

---

① Dewey, *Art as Experience*, 第7章。

② Kant《逻辑学讲义》一书曾谈到主观的审美真理（aesthetic truth）与感觉中的类似律（the law of semblance in the senses）相关。

因之，这说不清道不明的审美感受或领悟，反而比那说得清道得明的逻辑规则和辩证智慧更"超出一头"。这就是我所谓"自由直观"或"审美优于理性"。

"优"在何处？"优"在发现真理，"以美启真"。前面提到线与人的创造力量，线条在画笔下充分体现着艺术家的个体创造性。科学家的创造性的线条又在哪里，又是什么呢？

那就是科学家的方程式、构架（如双螺旋double helix）、模型、理论。科学家对他们的创造发明包含了多种心理因素如感知、想象、情感、无意识等等，却最终以理性认知方式得出结果。但结果只是普遍性的认知概念，并不即是那发现发明的个体创造过程本身。这个过程中，常为科学家所十分重视甚或以之为依托来寻找真理的形式感，我称之为"抽象的感性"，乃是个体创造性的重要环节。它们并不是具体经验中的感知想象，它们是"抽象的"。但它们又仍然是感性，因为它们不是理性的思索或逻辑的推理。经常可以看到，科学家在设拟公式建立模型时，会对其中的各种因素、关系有某种或明或暗或隐或显的形式感觉。这"形式感"既不是视觉、听觉之类的具体经验感知，也不是某种思辨推理之类的抽象理知活动，它是脱离了具体视听感觉的感知。尽管可能朦胧、含混、模糊，却仍然是感知，它可以成为某种指向真理和启发认知的直观感受，我称之为"自由直观"，即在形式感基础之上的对真理的领悟和启发。在某种意义上，它相当于Kant的"先验想象力"。"先验想象力"是导向真理认识而为人类独有的人性能力。

如前所说，人作为生物体生存的身心活动，由于使用一制造工具的操作、实践的介入而产生了比其他动物族类远为庞大、多样、复杂、繁博的形式感，既与宇宙自然的节律相通同一，又与自己的愉悦情感相通同一。例如科学发现中的简单性和这种简单性造成秩序美所带来的愉快感，如上述在有节奏秩序的操作活动中一样，便与节省人的能量（从体力支出到"思维经济"）有关。它以形式的简单性展示了轻松、舒适、明快从而愉悦。

这根基似乎太"实用"了？否。其中具有深刻的存在意义。在显微镜下，雪花如此完整优美，细胞却如此杂乱纷呈。在宏观现象，井然有序与杂乱无章也同时并存。但在这表面形象之后却可以有着某种同样的比例、秩序等形式力量在支配和运行。因之所谓形式和形式感或"抽象的感性"便远远不止于某种外在形象样态。它更可以是超形象或非形象所能表达的存在形态或力量。量子力学中的波粒二重性便有如完形心理学和Wittgenstein的兔与鸭一样，它们不能在视觉感性中却可以在"抽象感性"中同时并存。这两重性的奇妙并存，既是"抽象的"，却又仍然是"感性的"，但又并非某一具体的经验感性形象所能表达或描述。人的具体形象性的感知觉是颇有限度的，但人对形式的感觉即形式感却超出了这种有限的经验形象感知。这是由于理解因素渗入融合，使"抽象的感性"的范围、对象更可能远为广阔、多样和奇异。人的这种"抽象的感性"即形式感的人性能力由于文化的积淀、理解力的发展，在不断加强。其中，在呈现层面包含着类比联想等想象因素，在愉悦层面包含着纯粹智力的快乐，它们都将是未来经验心理学的研究课题。从哲学上说，"以美启真"的自由直观证实、捍卫和不断展开着这个本体性存在的人性力量。可见，"自由的形式"首先是一种行动、动作、实践以至直观的力量，是造形的物质力量，是形式因。

由于生长发展在人的实践基础之上，各种具体形式感受便不可能是固定或僵硬不变的。它既是从长期使用—制造工具的劳作过程中产生，从而便直接具体地受制于特定时代、社会的操作工具、操作组织和各种物质条件（材料、环境、人际关系）的约束，从而即使这个人与宇宙自然共存共在的"抽象的"形式感也不得不受它们的一定制约和影响。随着时代、社会的变迁,技术手段和材料的变化,这个与宇宙共在的人类的形式力量和形式感也会变迁。例如,土木工程中的钢材、玻璃替代传统木石,从质感、比例、节奏、组接形态和配置秩序上,都使人的形式力量和形式感产生了重大变化。同一重量,铁柱无须石柱那样臃肿庞大;同一高度,钢筋远比木材明快简洁。人们运用、制作物质材料、性能的实践能力的扩展使所造成的形式结构、形式力量和形式感受不断扩展,那种种均衡、对称、比例、节奏、简单、次序的具体形态也变易迁移。形式翻新,感受翻新。后现代建筑,充分地体现着这一点。

所以,不能一提形式和形式感便是古希腊或传统中国的"民族形式"。恰好相反,历史本体论从社会实践角度强调形式感由于人的造型力量随时代—科技发展日益强大而在不断翻新和变易。新的形式感有时与旧形式感以及与既有的审美理念相对立相冲突,但由于经验的成功、生活的享用而被人接受和习惯。开始是惊世骇俗,不能忍受,而后则习以为常,喜见乐闻。从美学说,它是由内容(社会生活的效用)向形式的积淀。从哲学说,它是"度"的本体性又一次新的开拓。当年埃菲尔铁塔是巴黎文化教养阶层普遍攻击的"丑",今天却成了美的某种典范。它突破传统所固定的形式和形式感,创造出了从原有角度看来是丑陋却符合开拓了的人的生活内容的新的形式和形式感。因之,如何发现、培育由操作活动中新的科技材料和性能,结合社会时代的功利需要,会产生新的形式力量、形式构造和形式感受,便是美学和科技创造中的重要课题,也是今日所谓"审美文化"的重要课题。拙作《美学四讲》"社会美"等章节讲过这个问题,讲过审美变为纯形式的装饰后需要以社会内容来冲破旧形式、提供新形式,其中便包括由于社会的新的功利需要，社会实践操作中以新的材料、结构、性能、技术突破旧形式、建立新形式。《美学四讲》对"天人合一"做了如下解释："靠人类的物质实践、靠科技工艺生产力的极大发展和对这个发展所做的调节、补救和纠正。这种'天人合一'论也即是自然人化论（它包括自然的人化和人的自然化两个方面）。"①也完全适合这里。这就颇不同于中国传统的"天人合一"论。

技术对科学的推动不仅表现在工具—社会本体层面，即技术创新和发明刺激科学的发现；而且也表现在心理—情感本体层面，这就是上述技术发明和创新中的形式感对科学家的刺激和吸引。从而，所谓"人的自然化"方面便也不止于对个体身心如传统的气功、瑜伽之类的人与自然节奏、韵律的沟通契合，而且更在于科技发现发明中对新的形式感的寻觅、发现和领悟。这正是人类对自己的生存、对自己与宇宙共在的新的开拓，是对当下生存的突破和创新。它是精神（心理）上的，也是物质（实践）上的。而所有这些，又都依赖作为活生生个体的人去创造、去发明、去发现。也正因为如此，对突破传统固有形式感有更大自由的艺术，便可以对科技有所助益。艺术中形式感和对形式的自由运用（因为它们毕竟是远为灵便的符号操作而非繁重的物质劳动），对科技的形式感受、想象和思维可以提供启发。前面以及《美学四讲》中讲过，如现代艺术中的节奏、均衡和秩序，与传统大相径庭，开始觉得很不舒服即感到丑，但进一步却可以发现其中有某种更深层的情感形式，而感到愉悦。这就提示着某种新的形式感的建立。艺术创作与原始生命力量和生活更为直接、密切的关系，可以对形式和形式感有更为敞开的启动、尝试和创造。Einstein等理论物理学家们喜爱音乐，

---

① 拙作《美学四讲》，第2章。

音乐是纯音响的形式运动,但音乐中的节奏、比例、均衡、对称等等,又是严格地与数学规律相关联的。艺术通过形式感的自由开拓可以引导、启发科学去感受和发现新天地,去发现宇宙自然中的新秘密。逻辑—数学在某种意义上说是使人心机械化,即以某些固定的秩序、规律、程序来统领支配人的思想、语言、活动,并以之规范、引导和表达非理性的本能、欲念和需要。这就是"理性的内化"。科学和技术是这种人心机械的物态化或物化。这对人类是必要和有益的,它是人性构成的一个方面。而艺术则主要通过审美和情感冲出和破坏这种"人心机械化"而进行新的感受、创造和自由直观,这是人性构成的另一方面。这就是教育既需要科学,也需要审美;人类既需要数学,也需要艺术,而我一开始就将"理性内化"与"自由直观"同时并提的重要原因。

为免误解,这里要指出的是,由形式感受和自由直观导向真理即"以美启真",这里"启",即形式感只是开拓领悟真理的门户,最终找到真理,仍然需要经由演绎(推理)归纳(实验)的逻辑通道。这也就是审美形式感与"经验合理性"的关系。尽管"以美启真",但美不必即真,真不必即美。其一是感受,另一是认识。认识是概念性的,领悟是感受性的,领悟不即是认识。对感受、领悟加以敏锐的捕捉和确定,再经过长久的思索、琢磨,经由概念、判断、推理表达出来,这才是认识,才是科学。形式和对形式的审美感受千门万类、千差万别,因个体身心的不同,掌握、感受、领悟也有所不同。科学家们的发现包含大量的选择因素,这选择便与个性差异密切相关,凸现出个体的创造性。但这创造性既存在于形式感的审美感受和领悟中,也呈现在寻找出由感受到思维、由审美到概念的逻辑通道中。Kant那著名的不可知的感性与知性的共同根源,Heidegger认为是"先验想象力",我归之于人类社会实践;感性源于个体实践，知性源于人类实践的积淀心理，两者都可以有创造性。

再以非常重要的秩序感为例，操作是由动作中所产生的操作。操作是动作的抽象提炼，即建立感性的抽象形式，其中就有秩序感。有如Wittgenstein所说，重复操作乃数学的起源，数学不是描述事实，而是描述事实的一套行为规范。这里就有秩序感问题。秩序感从最基础的方面说，不是冷热、软硬、干湿、锐钝、重轻之类动物也有的感官知觉，而是在使用—制造工具的这种超生物肢体的动作活动中的所感知、领悟并进而掌握、提炼和反复练习成为操作的次序、先后、均衡、对称、节奏、韵律等等。这就是"实践中的理性"。它作为某种形式因，掌握和推动质料因，成为"度"的具体实现，而不断前行，丰富自身，并保存在语言中，成为人所特有的语义，保存在情感中，成为人所特有的秩序和结构，这就是超生物的人类语言和人类心理。在儿童教育中，儿歌中音响节奏的重复、故事内容的重复，等等，便都在建立人性中的理性秩序，这也就是文化心理结构（cultural-psychology formation）或情理结构（emotional structure）。Formation突出具体的动态形成，structure突出抽象的共有形式。奠基于操作，节奏甚至可成为人的视觉空间的秩序（可参阅E. H. Gombrich），在这秩序中，情理交会、渗透、融合，成为超生物的感知，进而产生超生物的情感、想象和理解。……"度"既是不长不短不多不少，恰如其分地把握创造，当然与"以美启真"相关。"以美启真"是逻辑思维之前，或与逻辑思维相伴随的某种感受或领悟。它是感性的，但在感性特殊中求普遍。这种作为反思判断力的审美，可以帮助从普遍定特殊的决定判断力，由启真而得真。得真，便需要逻辑和数学。有如Wittgenstein所说，数学是人类的发明而非发现，是人所发明的一种思维规范的技术体系，有如物质活动中的工具一样。也有如Gombrich所说,"人类的技巧比我们自然环境表现出更多的规则"(《秩序感》)。它使人不断去发明真理。

E. H. Gombrich通过装饰设计更精彩地描述了人类创造了千变万化极为众多,可为感官感知的有关空间的秩序形式及其不同感受。他指出,动物有秩序的要求,是生物进化的结果。但只有人能够创造出为任何动物所不能做的如此多样复杂的秩序形式。并以为,这种创造可以是无限的。正是这种创造使人对秩序的感受极大地扩展和丰实。Gombrich讲的是日常空间的各种秩序感,在科学的"抽象的感性"或"超感官的感知"领域内,秩序感更为奇妙多样。这就是自由的形式,这就是美。

这也就是从"自然的人化"通由"度"的本体性而落实为自由的形式——美的历史行程,美的本质与人的本质相关也才不是一句空谈。

(本辑摘自《美学三题议》1962、《历史本体论》2002、《论实用理性与乐感文化》2004、《人类学历史本体论》2016)

第二辑

美感二重性与四要素集团

何谓"美感二重性"

美感的矛盾二重性，简单说来，就是美感的个人心理的主观直觉性质和社会生活的客观功利性质，即主观直觉性和客观功利性。美感的这两种特性是互相对立矛盾着的，但它们又相互依存不可分割地形成为美感的统一体。前者是这个统一体的表现形式、外貌、现象，后者是这个统一体的存在实质、基础、内容。

什么是个人心理的主观直觉性质呢？什么是这一性质的特征呢？

这一方面不拟多说，从许多唯心主义的美学著作中，我们已经听够这种被夸张渲染和神秘化的美感的直觉特色了。其实，如果按实说来，这种美感的主观直觉性是一点也不神秘的。我们每个人根据自己的经验都能承认，美感经验的心理状态的性质和特征是它的具体的形象感受性质，它在刹那间有不经个人理智活动或逻辑思考的直觉特点。这种特点就是所谓"超功利""无所为而为"等等说法的来由。美感的这种性质和特色是由康德发现和提出来的。①

应该指出，马克思主义唯物主义美学虽然反对唯心主义对美感

---

① 应该说，十八世纪英国经验派美学中，这种性质和特色便已发现和提出了，但把它们集中、突出和提到哲学高度（无目的的目的性）来论证，并对后代起了深刻影响的，当推康德。

这一性质的歪曲，却并不拒绝承认美感这一性质和特色的本来面目的存在。这就正如唯物主义心理学并不拒绝承认一般的直觉心理活动的存在一样。唯物主义不能闭着眼否认事实，而在事实上，美感的确经常是在这样一种直觉的形式中呈现出来，在这美感直觉中的确也常常并没有什么实用的功利的、道德的种种个人的自觉的逻辑思考在内。一个人欣赏梅花的时候，他的确并不一定会想到这种欣赏有什么社会意义或价值；古代人们看《红楼梦》也说不出或不能明确、自觉地意识到这部作品伟大的反封建的主题思想，但总觉得它很美，觉得从其中能获得巨大的美感享受，能激动自己的心弦，提高自己的精神。所以，关于对待美感的直观性质，就不在于一概否认或抹杀这个问题，而在于如何正确分析、解决问题。

美感二重性与四要素集团的关系①

美感直觉性,从美感的两重性来说,一方面对个体而言美感具有一种直观的(直觉的)性质;而另一方面它又有一种社会功利的性质。我认为这是一个不应否认的事实。因为你看美的东西,首先感到的是好看不好看、愉快不愉快,好像事先并没有什么考虑。我们看到一个人长得很漂亮,啊,很漂亮;看到一块花布好看,咦,好看;看了一部电影,说,有意思,这是一种直觉的观感,不会让你考虑几天再回答。甚至你直觉地说好或者不好,也不一定能说得出什么道理。我们的报纸刊物有时把某些小说、电影说得怎么怎么好,你一看并不觉得好;或者说怎么怎么坏,然而你一看也不觉得坏。也许道理你说不过人家,但是你的直观感觉就是这样。所以我认为这种直觉性是事实存在,否认事实是很可笑的。要是怕"资产阶级直觉主义"的帽子,那么叫"直观性"或"直接性"也都可以,但是事实还是事实。

另一方面就是关于社会功利性问题。对这个问题在国内一般都没有反对意见。实际上这两个方面包含四个内涵。一个是直觉,相

---

① 本文"因素"均应改为"要素集团",因每一因素又包含有一些子因素。另,"四要素集团"中之"情感"改为"情欲"。

对于逻辑说的；一个是功利，相对于非功利说的。也就是说，假若是两重性的话，一方面是直觉和非功利性；另一方面则是逻辑和社会功利性。前两者与后两者密切联系在一起，社会功利常是逻辑的考虑；尽管这种逻辑有时是非常不自觉的或习惯性的。这种关系讲起来也很复杂。此外还有社会功利（理性）与个体功利（动物性）的问题。这个两重性问题我在五十年代提出来，以后没有讲，有两个原因：一个是以后的美学讨论在美的本质问题上谈得非常多，而在美感问题上则没有怎么谈；另一原因是，这个问题一提出来就被很多人反对，说是资产阶级的"直觉主义"，所以就不能也不敢再写了。

实际上我的这个看法还是从马克思《1844年经济学—哲学手稿》中来的（以下简称《手稿》）。这本著作虽然并不是讲美学问题，它是讲哲学问题的。马克思在当时不会想到一百多年以后，我们首先在美学的角度来强调这部著作的伟大意义。这是因为这部著作的基本哲学观点，正是为美的本质和美感的本质奠定了哲学理论基础。

《手稿》一个很重要的方面，恰恰是谈到人的感觉与需要不同于动物；不同于动物的一个很重要的基本特点就是它的非功利性。马克思十分强调人与动物在感受、感觉、感知上的区别，动物是满足它生存的需要，为了生存必须不停地吃，不填饱肚子就无法生存。当然动物园中的动物可以不去觅食，但野生动物在很多时间里都在寻找它生存的需要，个体完全是为了消费与生命的存在，在不停地活动着。而人恰恰与动物在这方面区别开来。从而人的感性也逐渐不只是为了生存的功利而存在的东西。马克思在《手稿》中再三强调感性的社会性，而不是理性的社会性。理性的社会性好理解，什么逻辑呀、思维呀这些东西。而马克思恰恰讲的是感性的社会性，感性的社会性是超脱了动物性生存的功利的。眼睛变成了人的眼睛，耳朵变成了人的耳朵。马克思说："因此，〔对物的〕需要和享受失去了自己的利己主义性质，而自然界失去了自己的赤裸裸的有用性，因为效用成了属人的效用。"（注意：着重点为原著所有）就是说它不是属于个体的、自然的、消费的关系，不是与个体的直接的功利、生存相关的。对于一个饥饿的人，并不存在食物的人的因素。忧心忡忡的人，对于最美的风景也无动于衷。一个饥饿的人跟动物吃食没有什么区别，这是有很深刻道理的。中国古老的吃饭筷子上常刻有"人生一乐"几个字，把吃饭当成是人的快乐与享受，而不是纯功利性的填饱肚子。这样，人的感性也就失去了非常狭窄的维持生存的功利性质，而成为一种社会的东西，这也是美感的特点。它具有感性、直接性，亦即直观、直觉，不经过理智的特点；又不仅仅是为了个人的生存，所以它又具有社会性。我所讲的美感两重性，实际上是来源于《手稿》。

在西方美学史上曾争论不休：为什么只有视觉、听觉才能够成为审美的感官？为什么味觉、嗅觉、触觉不能成为审美的感官？到现在为止，并没有很好解决这个问题。我认为马克思把这个问题解决了。就因为视觉和听觉是更多地人化了的感官，在感性里面充满了社会性，成为人的东西。而味觉、嗅觉、触觉只能起一种辅助的作用，动物性因素仍然很强，于是难以成为审美感官。这是纯从哲学理论上说。当然其中还有许多心理学的具体原因。总之美感的两重性，一方面它是感性的、直观的，而另一方面在感性中又包含了长期的人化了的结果。自然的人化有两个方面：一个是对象的人化；一个是自身的人化。自身的人化就是人的五官感觉的人化，还不仅仅是五官感觉。马克思曾特别讲到性爱的问题。性爱的关系是自然的；然而其中也最容易表现出社会的人的尺度，因为性并不能等于爱，但完完全全离开性的爱也不存在。性爱作为人的东西，理性与感情融化在一起。所以，我所经常注意的一个基本思想就是：理性的东西怎么表现在感性的中间；社会的东西怎么表现在个体的中间；历史的东西怎么表现在心理中间。我用"积淀"这样一个词来表示这个意思。即社会、历史、理性积淀在感性、个体、直观中，这就是人的感性的特点，也是我所采取的解释美感的基本途径。

我认为从康德开始，经过席勒、费尔巴哈到马克思，特点之一就是抓住了"感性"，这也就是为什么我要把黑格尔撇开的原因。今年国际上有个会议，议题之一就叫"要康德，还是要黑格尔？"我的回答：都要！但如果必须选择其一，那就要康德，不要黑格尔！解放后，我们对黑格尔研究得比较多，评价也很高，但是不是研究得很深了呢，我觉得还很难说。对康德，则批判与否定太多，研究很少。我想考察一下这个问题。这倒不是因为康德在西方的影响比较大，其实黑格尔对西方的影响也很大。我自己受黑格尔的影响就很深。黑格尔最伟大的地方，是宏伟的历史感。我认为他的辩证法的灵魂就是伟大的历史感，而伟大的历史感也正是马克思紧紧抓住的东西。这也是我们现在需要学习的黑格尔的东西。但是黑格尔的理论中也有大量的诡辩论。他的《美学》这本著作中就有很多牵强附会的东西。由于他的诡辩论，无论什么问题，到他那里都能讲出道理来，当然里面夹杂了很多主观的东西。这方面我认为康德比较老实，不知道就是不知道。黑格尔的历史感，对人类历史发展的整体性的观点，以及对必然性与理性的强调，无疑是很正确的。马克思接受了这种观点，这是值得高度评价与研究的方面。因为他站在整个人类历史的高度来认识与观察一切问题，自然很深刻。但另一方面，感性的、偶然的、个性的东西，黑格尔就注意不够，这些内容在黑格尔的历史整体感中消失了。现在为什么存在主义崛起，就是对黑格尔的一种反抗。人都具有身体，并在有限的时间与空间中存在，这是一个真实的存在，人是感性物质的存在，不能完全是理念的存在。在这个方面我觉得黑格尔是注意不够的。这种影响到如今还存在。比如我们总是强调事物发展的必然性，其实有很多事物发展是偶然的。如果慈禧太后不活那么多年，中国近代史很可能是另外一个样子；或者慈禧太后一死，载沣把袁世凯杀了，那么以后的历史可能又是另一个样子。所以一个偶然的事件往往可以影响历史发展的几十年，甚至一百多年。如果一切都是必然的结果，那么人就什么都不要主动干了。我们的历史学、哲学对个体的人的存在，感性的人的存在，或偶然性的存在是注意不够的。

这里也许要讲讲人性的问题，美感正是人性的一种证明。我不同意把人性等同于动物性，现在西方或国内也见到这样一些观点的文章，把人性简单地看成是动物性，一种自然的要求与需要，表现这个就是人性的。现在好些小说里就有这种思想。也许是我保守，我认为，马克思在《手稿》中恰恰强调了人性与动物性的区别。如果等同的话，那么人与动物就没有性质上的区别了。然而另一方面，如果把人性看成是纯理性或社会性的东西，我也不同意，把人性等于阶级性就不必说了。前一种把人性等同于动物性，可以变成纵欲主义。后一种则可以变成禁欲主义。黑格尔后一种的东西多一些，把纯理性的东西说成是人的本质。所以我认为真正的人性应该区别于动物性，但它又脱离不开动物性与感性，而具有人的性质。所谓美感的两重性就正是建立在这种基础之上的。美感就是人性的一个具体的方面。但人性不是上天赐予的，不是天生的，而是人类给自己建立起来的一种主体性。这就是人的文化心理结构。人类在漫长的历史实践中建造了极其伟大的物质文明，这是人与动物很大不同的地方。人是以能制造工具和动物相区别的。工具不能吃，也不能满足个体的需要，它只是一个中介，它只是要达到猎取食物的工具，而动物就没有这个中介及意识。人把这作为自己实践活动的对象。所以人的实践的最基本的东西就是制造工具。然而到底什么是"实践"，至今恐怕并没有搞清楚。在国外，实践也是很时髦的哲学问题，但也并没有准确的客观规定。我认为实践最基本的是制造工具，这恰恰是体现人的本质所在。马克思主义最基本的核心是历史唯物主义。恩格斯评价马克思也是一个历史唯物史观，一个剩余价值论，并没说其他别的。历史唯物主义就是实践论，这两者不能分割。把两者分割会造成什么后果呢？要么造成抛弃了历史唯物主义的实践论，陷入主观意识论，不承认客观规律。我们对实践可以说讲了不少了，1958年大干的确是伟大实践，但违反历史规律，结果起了相反的作用。所以一个哲学命题看起来好像离现实很远，而实际上有很重要的现实意义。其次，离开了实践的历史唯物主义则变成了宿命论，忽视了人的能动作用，人就变成了一种工具，就是黑格尔式的太强调了客观必然性的因素，作为个体，主体实践力量处于被动的工具的地位。

人创造了大量的物质文明，从石头工具到航天飞机。人也创造了丰富的内在的东西，这就是人的文化心理结构。我们的心理结构实际上保存了历史的各种文明，其中同样包括美感在内。人一方面创造物质文明，同时也创造精神文明。精神文明并不是空洞的东西，它既表现在物质形态如各种艺术作品中，又表现在人的心理结构中。而人的这种心理结构正是人类千百万年以来创造的成果。教育学科之所以伟大，正因为它有意识地为塑造人的文化心理结构而努力。人要获得一种结构、一种能力、一种把握世界的方式，而不只是知识。知识是重要的，但知识是死的，而心理结构则是活的能力或能量。人类的心理结构至少表现在智力、意志、审美等三方面。这三方面就形成了人类把握世界的主体性,就是使人区别于动物的人性。

审美特点是感性的、直观的把握方式,美感的直觉能力并不是天生的。小孩子让他看齐白石的画,画得再好,他也可能觉得不像。长大了,有了一定的欣赏修养之后,就觉得十分生动传神,这种能力恰恰是经过教育与大量文化生活教养的结果。我把这种成果叫做"积淀"。这就与西方"直觉主义"有了原则的区别,因为我强调的是一种历史发展形成的结果。在这个基础上我们再去看康德对审美的分析,就觉得很精彩了。他把审美无功利的愉快,与生物性的愉快、道德的愉快区别开来。我口渴了,喝口水感到很满足,但这种愉快与审美愉快不同。我做了一件好事心里很高兴,这是一种精神的道德的愉快,也与审美愉快不同。一个是纯感性的愉快;一个是纯理性的愉快;而审美的愉快恰恰既是感性的又是理性的。它不涉及个人的功利。喝水感到愉快,对身体有好处,这是个功利的关系。那种道德的愉快也是直接社会功利的需要。而这个审美的愉快,是看不见功利关系的直观的表现。康德最重要的一点,就是"无目的的合目的性",它没有具体的目的,但是合目的性。艺术品正是这样的。它不一定告诉你它有什么目的,但它中间包含着一定的目的性,这应该是审美的一个根本的特性。然而由于康德的哲学是唯心论的,所以他把这种现象做了一种唯心论的解释。他说这归根于人类的共同性即人类先验的一种共同的东西,而他也无法解释这种共同感是从哪里来的。我们现在加以马克思主义的解释,把这种现象建立在历史唯物主义的实践论的基础之上,我把它叫做人类学的本体论的基础之上。即从人类的整个历史发展的基础上来观察和分析这个问题。总之,美感的两重性就是建立在这样一个基础之上,积淀成为心理的一种结构方式。而研究美感就是要抓住这些基本的特点来进行分析，特别要进行一些心理学的研究，也可以从哲学的角度对此研究。

例如，有些审美对象并不一定都很美，甚至很丑陋。但在不愉快中又感到有些愉快，比如在音乐中有些不谐和的旋律；绘画中也有乱七八糟的颜色和形象，听起来、看起来，很别扭，但就在这别扭中，好像又有些满意的享受，这是一种复杂的感受。不一定能够很好地讲出来，甚至似乎不能够用言语形容。艺术的欣赏讲究要有"味道"，艺术恰恰要表现一般语言表现不出来的东西，让你去想，去琢磨。中国很讲究艺术的"味道"，但"味道"是什么东西，你不一定讲得出来。说它是高昂的，低沉的等等，并不能真正说明它，但这已是逻辑思维，不再是审美直觉了。审美可以引起逻辑思维，而引起以后，再去欣赏就会更深一层。这也是一个循环的过程。

下面我讲一讲美感的四个因素。美感从心理学看，至少就是感知、想象、情感、理解四种基本功能所组成的综合统一，绝不只是其中的某一种因素，至于这几种因素到底是怎么结合起来的，各占多少比重，它的排列组合有多少种，这些问题还很少人研究。比如感知里面就还有感觉和知觉；想象里面的种类也很多：类比联想、接近联想、相反联想等等。而情感与欲望、要求、意向、愿望等也有很多联系。每一种因素都有很多内容。我常说美学是一种年幼的学科，就是因为，美感心理的这种种规律都还有待于今后深入的研究。我们只知道现象的多样性、复杂性，但它到底包含什么，并不清楚。我想现在也研究不出来，恐怕要五十年或一百年以后。这是因为心理科学本身还不成熟，对情感对高级的审美情感就更不清楚。我在《审美与形式感》（1981年第6期《文艺报》）一文中曾提到了格式塔的心理学。像阿恩海姆的《艺术与视知觉》，研究视知觉的这种现象,他讲究"同形同构",研究外在世界的力(物理)与内在世界的力(心理)在形式上的"同形同构"的结构关系,你之所以感到美,是一种同构关系的存在。他是反对移情说的,他认为移情恰恰要用同构关系来解释。为什么看见杨柳轻轻摆动,看到水缓缓地流,你心里就会产生一种柔和的情绪,看到很直的松树,会有一种挺拔高昂的感觉?这是因为外在与内在有相同结构的类比(同构)关系。这个学派曾经做过一种试验:让人以各自的姿态来表现心理的愤怒或悲哀,试验结果愤怒的姿态线条都是直的、坚硬的、向上的;而悲哀的姿态则都是柔和的、向下的、缓慢的。尽管姿态不一,但趋势是差不多的。可见,外在形态与内在心理有同构关系。这提出的虽是假说,但有一定价值。像这种问题就很值得研究。但是这种学说也有一个缺点,就是没有考虑到这种心理状态绝非仅仅是生理的、动物的,它还包含有社会方面的心理因素。它没有注意到人类千千万万年积淀的心理成果。牛看到红布也激动,但与人看到红布激动是不一样的。人能分辨出是红旗或是红毛衣之类,他的激动内容并不一样,他的激动中具有社会的具体内容,里面有很多社会的观念和理解的因素,所以它不是一种简单的感知,感知里面有他的想象、理解与情感。人为什么看了直线的东西有刚强的感觉,看了曲线的东西有柔和的感觉呢?这是人类千百万年来与自然界打交道的结果。我在1962年的《美学三题议》中讲了这个问题。当然,研究社会因素怎么与心理因素交融在一起,是非常难的。黄金分割的比例1:0.618是最美的,为什么?显然有一种生理、心理的基础,但恐怕也与人的活动、环境等等有一定关系。

再比如节奏,这也是属于感知方面的问题。小孩跳橡皮筋,唱儿歌,有些唱词并无意义,但有一种节奏感,这恐怕动物也有,但人包含了社会的、时代的、功利的作用。都是节奏,古代人与现代人的感觉为什么不一样？为什么年轻人看现代外国电影感到节奏合适，而让他听京剧他就觉得一句唱半天，节奏太慢了，受不了，而有些老年人则正相反。看起来这是感性的直观，没什么道理可讲；实际上，由于现代生活的节奏本身是较快的，因此反映在人的心理上就产生一种相应的要求和感觉。比如现代的建筑造型的线条十分简洁明快，精雕细琢、雕梁画栋、红红绿绿反而觉得不舒服，这就是因为感知中包含了社会时代的因素。当然这里不能讲得很死。艺术作品的节奏要与时代生活合拍，自然也有相反的情况。比如在非常紧张的时候，你希望看一点轻松的古装电影；而生活很单调的时候就希望看点惊险的影片。又比如城市已经很喧嚣了，所以建筑的颜色就要搞淡雅一点，米黄、浅灰、淡绿等，使人在精神上不感到强烈、紧张。如果大红大绿搞多了，人们就受不了。相反在农村一片翠绿的田野、树丛之间，就希望来点红的或较强烈的色彩。这是心理的需要，这种心理需要既包含生理上的因素，又包含社会的因素，二者又是溶化在一起的。再比如，书籍封面装帧，过去大都很严肃，色彩单调。现在大都色彩丰富、明快，去掉了过去古板陈旧的样式，这显然有时代与社会的因素在里面。它们也体现了感性的解放，体现了现代人的自由、欢快的心理需要。

我一直认为，美学不能等同于艺术论，它远远不只是艺术哲学。生活中的实物造型可算作实用艺术，但美学也远远不只是这个方面。人的生活怎么安排都与美学有很大关系，社会的和个人的生活节奏、色彩如何？感性的节奏是生活秩序的一部分。一个社会或群体必须建立一种感性的秩序。有和谐、有矛盾、有比例、有均衡、有对称、有节奏、有各式各样的关系，有张有弛。社会生活、生产，要有节奏、韵律，所谓张弛有致。安排得好，很舒适，安排不好就乱糟糟的。个人的生活和工作也如此。人对世界的改造、把握、安排就包含了很深刻的美学问题在里面。从幼儿时期开始,就可以培养他的感性秩序,这种感性秩序对一个人的成长,一个人的智力发展、意志锻炼和对世界的感受能力,以及对他的身心健康都是很有好处的。从这个角度看,美育、美感、审美都不是一个狭窄的问题,它是主体方面的人化的自然这个大问题。从幼儿开始就叫他在美育活动中建立感性心理的结构秩序。这种感性秩序包含了一个社会与时代的功利规定的要求。这不正是美感二重性吗?

上面讲了一下感知,下面简单谈一下想象。

想象,这个领域很大,人类不同于动物的主要能力之一就是人具有丰富的想象。儿童有段时间特别喜欢想象,在游戏中想象,在想象中游戏。小孩为什么喜爱孙悟空,因为孙悟空可以七十二变,它可以发展儿童的想象能力,这对儿童成长极为重要。想象问题非常复杂。到现在为止,心理学研究比较充分的只是知觉,而对情感、想象等,心理学研究是很差的。对想象的认识既不清楚,又不一致。比如Freud的心理分析的无意识论。无意识与想象有关。那么,同构是否与想象也有关系呢?为什么情绪与色彩、温度与轻重有关系呢?"红杏枝头春意闹",是一种"闹"的色彩,"绿杨烟外晓寒轻",是一种"轻"的温度,这种通感同构就是不自觉的想象。这种联系当然就是直觉的、自然的,是美感直觉性的表现。美感的直觉性不仅表现在欣赏上,也表现在创作上。画家为什么用这种颜色,不用那种颜色,他不一定能说出道理来,就觉得用这种合适。想象为什么用另一类感觉来形容这一类感觉,对他来讲是直觉的,非自觉的;而另一方面他显然又有一个长期的生活经验的积累,生活中间,使他把它们联系起来了,但并不一定明确意识到了。那么能不能沉湎在无意识之中呢?这个可能性是存在的。我是主张艺术家凭自己的感受或灵感来写作的。这种灵感不是偶然的,是长期的生活积累，把有意识的变为下意识和无意识的，这是一种积淀式的东西。为什么西方一些美学家把梦和艺术联系起来？把艺术看成是梦当然是不对的，但梦与艺术是有相似处的。梦是非自觉地出现的。梦中出现的形象，是这个人，又是那个人，突然这个人又变成了那个人，不像生活中是符合逻辑同一律的那同一个形象。在梦中往往多样的形象变成一个东西，不符合日常生活的逻辑的理智的考虑。艺术作品中也有这种情况，艺术形象具有的多义性、朦胧性、宽泛性，是这个又是那个，是A，又不是A，等等，与梦的确有相同之处，不同于一般逻辑思维，但一个（梦）完全是无意识，另一个（艺术）却并不是。不过它们都是想象。同时，想象与欲望、情欲也有联系。有个说法是，艺术本质是欲望在想象中的满足。我当然不同意，但这种说法也不能说没有一点道理。比如，我们有次下乡，生活很苦，很久没吃到肉，坐在一起常常一谈就是"精神会餐"，总要议论一下北京什么饭馆，什么菜什么东西好吃等等。后来回到北京经常吃到肉，同是这些人聚在一起，一次也没有讲到吃。得不到生活的满足，就要求精神满足一下，等到得到了，反而不讲了。艺术的想象中有没有这方面的东西？我看这样的因素是值得注意的。而这个因素又不是自觉意识到的。从想象这个角度来看，不管是欣赏或创作也都有这样一个直觉的非逻辑理智的因素。它经常表现为一种非自觉性。

下面谈谈情感。我主张在创作中、欣赏中要有情感。艺术没有情感不成其为艺术。情感对人来说，就个体来说，比认识要早，是与人的本能、人的生理的需要联系在一起的。小孩子饿了要哇哇地哭，他饿！他吃饱了就笑，满意了！他的情感与他的生理存在和需要是联系在一起的。所以说，情感比理性的东西更早、更根本。刚才讲，欲望跟情感是联系在一起的，它有生理本能的一方面，这是很根本性的。但到了社会之后,情感社会化了,情感远远不是动物性的东西。人的不同的情感,变成十分复杂。但是它也有两个方面,有与生理直接联系的方面,而另一方面它又理性化了。情感最能在感性里表现理性,这是很有意思的。譬如音乐,音乐最能表现情感,音乐也是最难用概念说明的。莫扎特音乐的内容是什么?是什么意思?很难说。柴可夫斯基的《悲怆(第六)交响曲》,你说悲怆,到底悲什么?怎么悲?讲不清楚,它主要是表现一种情感。

克罗齐的直觉论,大家看了朱光潜同志翻译他的《美学原理》。克罗齐后面还有两篇文章,他在那里强调了情感,他说直觉离不开情感,"直觉的表现"就是情感。他说:"是情感给了直觉以连贯性和完整性,直觉之所以是连贯的完整的,就是因为它表达了情感,而且直觉只能来自情感,基于情感。"说得非常明确,后来还有一个说明:"直觉就是感情的表现"。克罗齐、科林伍德关于情感讲得很多,在英、美叫做"克罗齐、科林伍德学说"。这一理论后来就被苏珊·朗格继承了下来,认为"艺术是情感的逻辑""情感的符合"。符号有两种:一种是认识的符号,即概念推理;一种是情感的符号,就是艺术。从而艺术也就是情感的逻辑,这样的逻辑是广义的逻辑,不是逻辑学教本上的那种概念的逻辑。所以,我既讲形象思维是广义的思维,我又讲形象思维并不是思维(狭义的),这并不矛盾。

如上面所讲,艺术的形象是多义的,它是这个又是那个。在理论上茶杯就是茶杯,它不能同时又是粉笔盒,两者不能混同。在艺术里却可以这么做,是茶杯又是粉笔盒,它可以像在梦中的物象交叠。这就是一种违反形式逻辑同一律的情感的逻辑。最有意思的是,恰恰是这种逻辑却偏能表现哲理。因之,叔本华、佩特等人都把音乐看成是艺术的皇冠,是最高级的,音乐里有很深的哲理性。

音乐表现哲理性大大超过绘画，听音乐所感到的哲理性超过其他艺术。这是很奇怪的。歌德的《浮士德》，主人公浮士德经过一系列人生的历程，但都不能得到满足，最后为全人类造福，得到了满足，达到了人生最高境界。什么爱情啊、功名啊、个人事业啊，都不能满足，为人类造福，满足了。贝多芬《第九交响曲》也有这个哲理，最后那一部分极其博大的气势，为了全人类，便能够使人体会到人生的价值、人生的意义。柴可夫斯基的音乐，也达到了一种哲理的高度，但比贝多芬又差远了。所以，一个非常感性的东西，它不用概念语言，偏偏能够使人在直观中得到一种哲理性的感受。这不是美感二重性的又一证明吗？也许哲理本身就是情感性的？也许人的心灵之所以不像机器，正在于他有这种非概念的情感逻辑？有人讲你这个人情感、思想这么复杂？我认为人类的历史就是由简单到复杂。既能从一块石头、石刀发展到这么复杂的宇航技术，我们的内心世界难道不该复杂点吗？那有什么害处呢？我们的内心世界变得像一个空盒子一样单纯就好？复杂性恰恰是表现了丰富性、多样性。艺术不仅仅创作了艺术品，而且创造了人的心灵。表现在文学、音乐、绘画里面，那么复杂的、那么细致的东西，你看了之后使你自己的情感、心灵，你对人生的感受变得复杂细致了。这是好事，不是坏事。单纯明净当然有它的好处，但是我们也不能老看希腊雕塑，老看拉斐尔。人们看了希腊雕塑，还要看罗丹，看亨利·摩尔那些现代派艺术，为什么？人们不能老是停留在一种单纯的明快之中，它要求日益丰富。这会使你的心理结构变得更多彩、充实和更细致。例如，生活中的不怕死是很不一样的。动物也能不怕死，原始人也可以不怕死，但是与现代人的不怕死是不一样的。后者是经过很深刻的自觉意识的选择行动。表现形式好像一样，但出发的基地，整个的心理结构是很不一样的。我们今天把一些最简单、明快的东西，认为最好、最美，我不这么认为。美都带有它时代的特点，是不断向前发展的，人的美感也是不断向前发展的。美感，在一种直接的感受里面包含着大量的时代的社会的因素。

最后讲讲理解因素。我已多次重复表明，不同意把艺术看做只是认识，不同意把美学看成只是认识论。在这一点上，我与不少同志有分歧，包括蔡仪同志、朱光潜同志都把艺术看做认识论，还有马奇同志把美学看成是艺术哲学，我都不同意。艺术给人的，远远不止于认识。它是对整个人的心灵、心理结构起作用。中国古人讲得很对，它是"陶冶性情"：对于人的心灵、心理结构、心理能力，给予影响，然后塑造你，丰富你。认识有科学够了，把道理讲清楚就完了。老实讲，就认识说，艺术远远比不上科学。那么还要艺术干什么？艺术给人的恰恰是影响你，不仅影响你的理解，而且影响你的想象、情感、感知，它是多方面影响你的，使你这个人化的自然，使你这个内在的五官，使你的情感、感知、想象越来越丰富，它起着全面的作用。我这个观点一直有人批评：说是提倡反理性主义。不过我坚持。我认为我不反理性，艺术包含认识但不等于认识。不过认识是你看不见它罢了。我的文章多次讲："理之于诗如水中盐。"艺术中的认识就像水里面放上盐似的，喝水有咸味，但是你要找这个盐是看不见的，你找不出来，盐到哪里去了？盐的味在水里。我说艺术里面的认识、艺术里面的理解、道理都应该达到这样一种境地，才是比较高的艺术，是符合人们的审美规律的艺术。但是我们现在的艺术恰恰相反，它给你大把的盐吃，老是怕你不理解，所以使你非常难受。一部电影或小说本来还好，怕你不理解，讲一堆道理，索然败兴，你就不想看了。因为人的审美直觉必须在一种自由自在的活动中进行。硬把一种认识抽出来，加进去，便破坏了审美规律，破坏了美感二重性的特点，因此它并不引起美感，不能引起你的愉快，那谁愿意看呢？作家不能单凭理性的东西进行创作，理性恰恰包含在、溶化在他全部感性的体验、感受、想象、情感之中。世界观只有真正变成了你的情感、想象、感知，变成你生动自然的形象思维，而不是外面加上去的东西，这才能成功。否则的话，你会失败的。为什么有些作家，解放后就写不出好东西来了呢？也不是一个两个人是如此，这恐怕不是偶然的。他们真诚地相信并很接受马克思主义，原因之一就是我们在艺术上太没有强调创作规律与艺术本身的审美规律，就是怕人家主题不明确，硬要把一些概念性的东西塞进去，把审美规律给破坏了，于是创作不出好作品，没有艺术性。我们这几十年发展了"文艺政治学"，但不是美学。我们只注意了文艺和政治的直接的简单的关系，而没有看到文艺的美学特征和规律。文艺政治学也是值得研究的学科。但艺术的政治作用要通过美学来达到。看了一个好戏，在出剧场的时候，你既感到愉快，得到了审美上的满足，又觉得精神境界提高了。这才是艺术所起的审美教育作用。这正是美感二重性的特点。正因为有这种二重性，而不只是认识，才使你去琢磨，你才觉得有意思有味道。张洁有篇小小说——《拣麦穗》，我认为比《爱是不能忘记的》强多了，但没人注意。它里面讲一个七八岁的丑陋的小女孩，我记不得是不是孤儿，没人看护，有一个六七十岁的卖糖的老头子常给这个女孩几块糖吃，人们就笑话："你嫁给他吧，你嫁给他吧！"老头子六七十岁，小姑娘七八岁，这完全是个玩笑。这个老头每天来，后来就死了，小孩儿就站在那里望着。……你说不出这是什么意思、什么道理，到底说明什么问题，但它传达出一种淡淡的哀愁、孤独、惆怅……的味道，很耐琢磨。这是艺术。艺术品就要有一种味道，使你感受到什么东西，感情受到感染，使人琢磨。因此所谓概念、认识是在中间，而不是说出来的。《今夜星光灿烂》大家都看过这个电影,我注意的是其中有某种感伤,有一种对照现在而回想和怀念过去的那种真正亲密的同志之间的关系,传达出某种味道。鲁迅小说我认为并不是篇篇都成功的,《故事新编》大部分我都不满意,但《铸剑》我觉得很了不起,很值得琢磨。《野草》也很有意思,你说主题非常明确?但里面有味道,是艺术。

　　以上这些都是为了说明美感的两重性,其实也就是形象思维的非自觉性。我刚刚写了《形象思维再续谈》,马上就有两篇文章反对我。人家问我为什么不答复,我说我不想答复,我以后也不答复,因为我觉得有些文章根本没有看清楚我要讲的什么,他就批评。那就让他批评吧。我一讲非自觉性,有人就批评说,我主张作家、艺术家不知道自己在干什么。但我根本没那个意思,如果艺术家、作家不知道自己在干什么,那所有作家、艺术家不都是疯子了吗?他自己写文章不知道自己是在写文章?他画画不知道自己是在画画?欣赏者走到戏院也知道自己是在看戏。戏搞个戏台,画也搞个画框,就是使你知道这是在看戏,看画。不至于为戏里面坏人打好人,你也上台去打抱不平。朱光潜同志的《文艺心理学》曾举了个例子:曹操要杀吕布,于是有人气得要拿刀去杀曹操。解放战争时演《白毛女》,黄世仁欺负白毛女,一个观众跑上去揍黄世仁。但是一般观众都不这样,因为知道自己是在看戏。这一点是自觉的,有非常明确的自觉性。艺术创作也一样,我在写书,我在写小说,写剧本,当然知道。在创作中,技巧的运用也非常自觉。我的剧本打算分几幕、几场,有什么人物;我的小说准备分几章,大致上有什么情节,这是很自觉的,并且有很多是逻辑思维。作画我觉得应该用点暖色,黄的还是红的?还是红、黄交融的颜色?这考虑都是自觉的。作者对作品技巧的考虑也很多。这都是逻辑的自觉考虑。但画家用色,这里重了,应该轻一点,那里轻了,应该重一点。但为什么这样用色？为什么要轻一点、重一点？你让他讲，他却讲不出多少内容方面的道理。非自觉性恰恰是对于内容方面的。鲁迅写《阿Q正传》，开始的时候，是开心话，他没有想到阿Q最后要怎么样。他写这个东西虽早有想法，但到底要表现什么，非常明确的自觉意识，没有。我认为这很重要，这并不是形式问题，恰恰是内容问题。西方柏拉图讲"迷狂"，像神附了体似的，中国讲"下笔如有神"。对于这个东西，逻辑上很难规范。严羽的《沧浪诗话》，"羚羊挂角，无迹可求"。用逻辑思维找不出痕迹，找不出线索。所以说："不可言传，不可理喻"。不可理喻就是说不是逻辑思维。还有"言不尽意"。艺术就是要言不尽意，言能尽意就是凭概念说话。例如悲剧，同一个《哈姆雷特》，不同的导演可以有不同的处理，到底哪一个《哈姆雷特》更符合莎士比亚的原著，很难讲，看你侧重哪一方面。不同的处理，审美感受也不一样。可见是"书不尽言"了。"言不尽意"的例子就更多，我说这杯茶很热，这个"热"其实很抽象。今天天气很热，"热"到什么程度，这是概念所表达不出来的。王夫之说过："言只能传其所知，不能传其所觉"，很有道理。语言只能表达你所知道了的，并不能表达你所感觉的。现在我们有很多形容词，什么悲哀、凄凉或者是痛苦。这能够具体、准确地表达你的情感吗？不能，这还是非常概括的东西。你痛苦，你到底怎么痛苦？你心里很难过，是痛苦，但痛苦多得很咧。再加上些形容词，能把它表达出来吗？还是很难的。所以文学家还要用多种描写，才能够比较准确地把真正感觉到的东西表现出来。人们为什么需要音乐？音乐能够表达出人的情感中非常细致、深沉、复杂、动荡、流动的状态。所以才需要有各种艺术，诉诸声音，诉诸线条，诉诸色彩的各种形式。"言不尽意"是非常深刻的，这里面有一个艺术形象的模糊性、多义性、宽泛性、非确定性等等特征问题。它和概念性的东西不一样。"形象大于思想",这句话所包含的就是这个意思。艺术经常是"以多对一",不是"一对一",即艺术是"一",和它对应的现实和读者是"多"。一百个人心目中的林黛玉有一百种样子。在艺术里,诉诸个人的东西并不是一种简单的统一的逻辑认识,简单的逻辑认识"一对一"就完了。人恰恰是以他的全部心理的、感性的东西去接受艺术,每个人的生活经历、文化教养、爱好、兴趣,也就是说,他们感知、想象、情感、理解的能力、素质和内容,是各不一样,多种多样的。人是以这么"多"的东西去接受那个艺术品的"一",接受那同一个形象,当然就不一样了。同是看一幅画,感觉就不一样,对它的色彩、线条、情调,你是拿自己全部的生活经历来接受它,有些人想象力多一些,有些人想象力少一些,有些人感受力强一些,有些人感受力弱一些,对同一幅画的感受就不一样。其实,艺术的多样性就是表现了人的多样性,人的个性的多样性。有的人脾气暴躁得很,有的人就比较温和。连狗的脾气都不一样。巴甫洛夫对狗的实验表明,有的狗蔫巴巴的,有的狗凶得很。先天气质就有差异;后天的环境、教育修养、社会意识的影响等等所造成的差异就更不必说了。人既有多种多样各不相同的差异的个性,所以同样是"问君能有几多愁,恰似一江春水向东流",多少年来,不同时代的人,各自带有先天后天不同的气质个性和生活经历,去感受、去体会,因之所得的感受和结论也不一样。所以艺术的"一"又不真是"一",它表现了更多的东西给你。一个艺术品的成功,它的意义包含很多,带有不确定性、宽泛性、多层性、开放性。但也不是完全没有范围,你再不确定,也有个范围;你再怎么宽泛,也不是宽到无边。在创作中要作家能够非常自觉,把所有这些大家不同的感觉都了解以后再去创作,那是不可能的。

我觉得用概念穷尽一个东西很难。例如《红楼梦》就那么一本,但是研究《红楼梦》的书却有那么一大堆。你看了那么一大堆,《红楼梦》穷尽了吗?没有穷尽。有的艺术没有什么情节,也没讲多少道理,但给人的感受很多。美国电影《黑驹》,它前面一段没什么故事情节,就是那个小孩和马在沙滩上,说不出有什么了不起的道理,但你得到的是强烈的审美享受。这种美很高昂。大家也许看过《鸽子号》,这个电影我认为还不错。它的情调恰恰不是使人颓废,而是使人奋发。我们现在很希望艺术有教育性、鼓动性,是积极的、向上的、高昂的,我们用了很多概念,却达不到那种效果。《鸽子号》的影片,却能使人振奋,心情激动,觉得应该干番事业,整个情调就是那样。你说他个人奋斗也罢,主人公为什么要漂洋过海?他完全可以不去嘛!他却去了,并且遇到很多很多的困难,甚至中途也想放弃,要烧船,情节很简单。但它的音乐、画面和它所配上的东西是很有意思的,里面有很刚强的东西,也有很柔和的东西,非常和谐。我说概念不可以穷尽艺术,并不是说艺术神秘,不可解释。这恰恰是文艺批评家的任务,文艺批评家、文艺理论家,应该和作家、艺术家有所区别。我认为对作家、艺术家来说,不应该要求把太多的理性的东西往脑袋里灌,要求他在作品中一定要表现出来。你要求作家从创作开始到作品写出来后一定有非常清醒的理性过程,也不合适。一个作家、艺术家同时又是一个伟大的理论家、批评家,我不这么主张,这么要求并不合适。我觉得作家、艺术家应该充分地培养感性能力,即感受、体验、表现的能力。这方面应尽量地自由发展,不要让理性的东西、逻辑的东西压过,损害了这方面的东西。这样是否说艺术家不要逻辑、理性、知识、学习呢?没有这个意思。我是说这方面的东西,不要外在地去影响他的创作,不要太冲他,太管他。这样才会有好作品出来。你非要他这么写、那么写，那肯定搞不好。这里就正是美感二重性和审美规律问题。但是，批评家呢？他应当有两种能力。一方面他应该具有艺术家同样的敏锐的感受力，尽管与艺术家不会完全一样，你不能要求批评家写出一部作品，这样要求是不适当的。但是，他应该有锐敏的感受能力。另一方面，他应该有一种比较清醒的、比较强的理性思维能力。两个能力都很重要，假使只有前一种能力，那你没法成为批评家，你只能感受，这个许多观众都具有，有的人也很敏感，他也会说"这很好"，为什么美呢？说不出来。有的批评家却是这样，为什么好，他讲不出来。但是，只有理性思维能力，那就更不行。你不能感受，怎么能够评论呢？即使能评论，那也都是外在的、外加的。我们现在批评很大的缺点就是后面一种，不注重审美感受，搔不着痒处，讲不出作品到底美在哪里，成功或失败在什么地方。因此对于作品的分析，不是从直接感受出发，不是从美感的直觉性出发。而只是讲讲故事情节、人物、主题、思想意义、语言技巧，就完了。我在1956年第一篇美学文章中，便主张文艺评论应该从感受出发，由美到真和善。像别林斯基这样的评论家，就是先从感受出发，然后提高到理性认识。所以他的文章、书能够成为美学著作，这是作家所不能替代的。作家、艺术家很愿意看这种文章，因为作家、艺术家所没有明确意识到的，非自觉性的，但到了评论家那里便变成自觉的，把非自觉的提到一种自觉的高度来加以解释。尽管这种解释并不一定全面、完满，但他毕竟是解释了。因此作家、艺术家看了这种评论印象很深，他自己得到收获，给下次创作积累了财富，带来了方便，尽管下次创作他还是不自觉的，是积淀在下面的东西，即逻辑的东西积淀为感性的直观的东西。读者或观众看了文艺批评也有好处，他们原来只觉得好，说不出道理，看了评论，感到你说得很对，我正是这么想的，他们也愿意读这种评论，读过后对他们也变成一种无形的财富。于是理智的、逻辑的东西又变为感性的、个性的、直观的东西，等他再一次欣赏的时候就大有好处。正是在这种不断的循环当中，理性能力提高了人们的感性能力，所以我讲这种创作中的非自觉性、美感直觉性，等等，并不贬低或否定理性。我是两面受夹攻，一些同志批评我太理性，我也不想改变。因为在形象思维问题上，既承认有非自觉性，又坚持理性基础论，这就不是别的，正是美感二重性的推演罢了。

美感双螺旋（Aesthetic Double Helix）

1. 所谓实践美学，从哲学上说，乃人类学历史本体论（亦称主体性实践哲学）的美学部分，它以外在—内在的自然的人化说为根本理论基础，认为美的根源、本质或前提在于外在自然（人的自然环境）与人的生存关系的历史性的改变；美感的根源在于内在自然（人的躯体、感官、情欲和整个心理）的人化，即社会性向生理性（自然性）的渗透、交融、合一，此即积淀说。由于人的生理—心理先天（器官、躯体和大脑皮质）和后天（经验、教育和文化）有差异，而使审美和艺术千差万别，极具个性。前者（先天的差异）甚为重要，绝不亚于后者（文化）。

2. 实践美学作为学科说，是在这个哲学命题基础上，以"美感二重性"（1956年拙文）、新感性（《美学四讲》）或审美心理的"数学方程式"（《美的历程》）或DNA"双螺旋"（《美学四讲》英文版）为中心的展开。所谓"方程式""双螺旋"都是借用，其意在于强调审美心理是由多项心理因素（包含感知理解、想象、情欲四大要项集团）所彼此作用、多方变易而构成，有如多种变项的数学方程式或ACGT的DNA的化学双螺旋。每一要项又由多种功能合成，如"感知"包含生理感觉和心理认知，"理解"包含知性和记忆，"想象"包含期待和无意识，"情欲"包含情绪、欲望和宣泄，等等。

实践美学作为理论只是提出这样一种方向，其实证心理学的成熟研究，也许需要等待脑科学真正发达之后的下个世纪。但现代可以从艺术作品和艺术史来分析审美心理这几种要素或功能的各种比例、结构的组合、构成、发展、变迁及其感受特点。这将有益于艺术、艺术作品和艺术史的欣赏，也有助于对人的心理演进及其创造能力的了解。这也就是对"人性"的理解，是对作为人性的个体潜能的创造性、丰富性、复杂性、不确定性和可塑性的理解。（参阅《论实用理性与乐感文化》）

3. 实践美学认为，这个人性心理亦即美感双螺旋或方程式的最初起源或呈现乃是使用—创作工具的劳动操作中所获得的形式感，即均衡、对称、比例、韵律等等。从哲学讲，这是运用自然规律普遍必然地施加于对象的"自由"和由此自由而产生的愉快感受。正是它，突破了动物屈从在自然环境和自身物种的生理局限而取得"命由人定"的生存（生活、生命）的主动力量和能力，使自己生理自然的存在可以获得最大的满足和伸延，即我所谓"超生物的肢体"和"超生物的存在"，亦即人的生存秩序。从先验心理学讲，这种自由的愉快感不仅如Kant所讲是知性与想象力运动所产生的审美愉快和理性与想象对抗所产生的崇高感，而且还包含有其他心理如情欲、无意识等等因素渗透在内。它们相互交织、渗透、融合、合一，才有上述的"双螺旋"或"方程式"。

4. 这个审美双螺旋和这种主体生理性能有密切联系的各心理要项，在进入巫术歌舞和原始礼仪后，便突出地并相对独立地发展了。它使得由劳动操作中所获得的形式愉快感虽仍然存在，却已居于次要位置。其他因素如情欲、理解、无意识等等则大为扩张，这便是艺术的根源和生长。所以艺术不只是审美，而有其更为具体的情欲性和认知性的"内容"，它即人的"意义世界"。这也就是说，从原始时代巫术歌舞开始,艺术有服务于特定时空群体需要颇为具体的社会功能性。这种社会功能性的渗入极大地丰富了人的生理感官和心理,不但产生能看画的眼睛和能听音乐的耳朵(感知层),而且使性交变为爱情,呼喊变为诗歌(情欲层)以及感受变成了悟(意味层)。艺术以此不断组成并发展延伸着人的美感双螺旋或方程式。今日性欲文化无孔不入地全面渗透文学艺术,并赤裸裸地来表达自己,使得在理论上提出这个与生理直接相关的美感心理双螺旋更为重要。这是自然人化与人自然化的哲学命题的具体开展。

5. 实践美学虽然以前已讲到人的自然化(见《华夏美学》《己卯五说·说自然人化》),但由于论证核心是自然人化的基础命题,即社会、理性、历史积淀在个体、感性、心理而对这一过程的人体生理—心理方面论述不够,亦即对人自然化的方面论述不够。

人自然化是建立在自然人化基础之上,否则,人本是动物,无所谓"自然化"。正由于自然人化,人才可能自然化。正因为自然人化在某些方面今日已走入相当片面的"极端",才需要突出人自然化。如《华夏美学》所指出,人自然化包括自然成为人们和谐居处、旅游、观赏、享受生存的环境和对象,包括人与山水花鸟的亲密感情和生活寄托,包括人们学习自然、调整生理节律、增进健康和寿命,等等。其中还包括对自然界的宗教神秘体验如悟道、归依。也就是说,人自然化也包括了中国古人的所谓"天地境界"。

6. 不同于其他美学理论,实践美学强调的是这种个人与自然的亲密关系首先仍需建立在特定的科技和社会生产力的基础之上。在今日就应努力建立在发明创造如何顺应自然,如以太阳能、风力来代替石油煤炭作为资源,以"清洁生产"(清洁的原料、清洁的生产过程、清洁的产品效益等)"循环经济"(如水的循环利用)和生态平衡等自然环境保护的基础之上。这些问题已越出实践美学的范围，却是实践美学"人自然化"所应提及的重要前提，这也才是以人类学历史本体论（即从宏观人类生存着眼）为哲学基础的实践美学（见《美学四讲》）。

7. 由这个"人自然化"的观点来研究美感心理结构，便会注意自然生理因素的重要。例如，音乐具有由听觉而引起全身生理反应的直接性和物质性，同时却又可以具有最深沉的哲理性和精神性。它可以是无意识与意识的相互渗透和交融，最感性同时又最具理性精神。这种"天人合一"就是人所独有的"艺术"，而不同于动物性的自然生理反应。例如观水流，站居上游或下游会有不同的感受。站居下游由水流的冲击所引起抗拒抵挡从而产生的兴奋感与站居上游随水流逝而导致的空虚失落的不适感便很不相同，它们与生理反应大有关系。前者的生理—心理特征是Kant讲星空、大海、暴风雨的崇高感为理性胜利的著名论断之所实际依据。实践美学论崇高是从对自然征服的人化斗争过程的历史成果角度着眼，这是哲学基础，仍然正确；但具体落实到个体审美感受，便应注意补充上述这一个体生理—心理特征。这即是说，实践美学以宏观的人类历史角度所论述的美感的哲学观点，在进入微观美感分析和艺术作品分析中便需要远为具体的生理学—心理学来补充。

8. 从古代庄子主张"回归自然"到今日批判现代性的各种浪漫派的意义在于：中国应该在批判资本主义工业文明的背景下进行工业化和现代化，用反现代性或所谓审美现代性来解读启蒙现代性或科学现代性，这也正是在自然人化基础上来寻求人自然化。

实践美学发言摘要

1. 今天我主要是来听大家讲，我的态度是自愿接受批评，特别是反对实践美学的批评。但遗憾的是，参加这个会的人，大部分还是赞成实践美学的。不过先说明一下，我自己从来没有用过"实践美学"这个词，包括我在上世纪五十年代所写的文章里，也没有用过这个词。我讲"实践"讲得很多，当然也讲"美学"，但从来没有把这两者合在一起叫"实践美学"。这是别人加在我的头上的。在这个会议上，我愿第一次表示接受这个词。刚才有人说，实践美学在国内是各讲各的，其中有赞同我的看法的，也有不赞同的，我认为各人可以有各人的看法，不必统一。譬如，我和赵宋光先生是老朋友了，但也有不同意见。这就是中国传统中所讲的"君子和而不同"。即使在些基本观点上，我们可能还有很多不同之处。这样很好。

我既然讲实践美学还没有开始，怎么就有了"后实践美学"呢？"实践美学"就怎么过时了呢？就被别的美学取代了呢？当然，能被别的美学取代，这很好，我十分欢迎。但是，我接受实践美学这个说法，主要是认为实践美学还没有开始，应该把它努力做起来，大可不必担心"被替代"之类的问题。这不是谦虚，也不是夸张，这是现状。因此，我希望通过这次会议，对实践美学有兴趣的人可以将其视为一个开始。

另外，需要说明的是，写完《美学四讲》（1989）之后，我便离开了美学。不管是国内国外的美学文章，我基本上都没有看过；国内国外的美学会议，也一概没有参加过。所以，我是不太了解情况的。但令我感到惊讶的是，《美学四讲》已经出版十五年了，现在还有人看，还有人讨论，我深感荣幸，也谢谢大家。

告别了美学之后，我自己的美学观点倒没有多大变动。后来的文章，包括为这次会议提供的文章（《度与个体创造》即《论实用理性与乐感文化》文上篇第三节），也不是全讲美学，开头对实践等概念的说明，也是如此。我很顽固，自从五十年代以来，我受到的批评与批判很多，在没有说服我之前，我还是坚持我的那些观点。当然，要说我完全没有变化，那也不是。但基本上没有太大变化，我希望这次会议上能听到更多意见。不是说实践美学的反思吗？我也借机反思反思。

2. 我插一句话。刚才提到形式这个环节，这很重要。通过制造和使用工具的活动，把各种形式抽象、提取、自由地加以应用，而不是像直接生产那么简单和单调。这也就是艺术。它涉及和关系群体性社会性的要求与活动。从这些要求和活动激发出来的激情、想象、理解等因素，和形式感加在一起，正是我们需要重视的东西。我所重视的就是这个文化心理结构，认为这是实践美学应该研究的主要问题。在《美学四讲》里面，我提到四个因素，认为类似于Crick和Watson的双螺旋（double helix），是一个非常复杂的结构。DNA使每个人的自然禀赋不一样，文化心理结构也使审美体验千差万别，这里面便体现出个性的差异。所以，我讲"积淀"不是一个静态的东西，不是理性控制感性，而恰恰是人的感性生长，也就是新感性。所强调的是人跟动物的区别和人跟机器的区别。讲工具本体，是讲这种区别的基础。人怎么不同于动物？人的生产劳动与动物生活有什么不同？人的本质是什么？美的本质是什么？等等，都要从这里来说明。我认为这是一个非常好的切入点，从这里入手研究审美心理就是实践美学，即从基本的实践观点展开审美心理的研究。

刚才徐碧辉讲到社会美的问题，这里面涉及城市设计和景观生态等等，关系到现代性的天人合一。如何在现代技术基础上来设计和建造城市景观与生活环境，也恰恰是实践美学从实践观点出发所要研究的问题。还有怎样对待我们今天讲的审美文化，其中包括现在的行为艺术、概念艺术及艺术终结。实践美学应该对这些问题做出自己的回应。我之所以说实践美学还没有开始，就是因为还没有对这些问题真正展开研究。面对这些问题，要运用实践美学的基本观点（如自然人化、积淀、情本体、文化心理结构等）来加以探讨。总之，在所有这些方面，实践美学都有很大的施展空间，所以说，还没有开始。我以前提出的只是实践美学的哲学基础，并非实践美学本身，也就是说，仅从哲学层次谈论了实践美学。这正是我当年没有提出"实践美学"这一称号的重要原因。

3. 我在《华夏美学》里讲庄子思想时，谈到"无意识"。刚才滕守尧讲到"有意味的形式"时，认为其中有神秘的东西。这个东西是不是"无意识"或"集体无意识"？这两个问题是不是有关联？这也是实践美学的"积淀"说应该说明的问题。但我还是主张先回到"实践"这个问题上来。所以我建议主持人，先把实践问题搞清楚，然后再来讨论积淀问题。我们不是讨论实践美学吗？其前提是实践。而实践究竟是什么？需要搞清楚。刚才谈得很好，譬如说，如果实践的概念无限扩大，最终会取消这个概念。如果把人的一切活动、行为，把讲话、看画、写文章、吃梨子都叫实践，那要实践这个概念干什么？那不就是人的行为与活动吗？我一直是不同意随意扩大实践概念，特别强调狭义实践的重要性和本源性。赵宋光先生有他的看法，他的看法不等于我的看法，但他也坚持狭义的实践，这一点我们非常一致，而区别于几乎所有其他"实践"论者。说到底，实践的范围应该怎么划分？在我为这次会议提供的文章里，我提出了实践的广义和狭义的区分。我在这里不多说了，因为以前已经说得很多了。你说吧！

4. 我感觉"实践"是一个非常基础的概念。要把这个概念应用到某个具体的审美对象上去，那是要经历很多层次的，是要经过转换的。包括实践本身，也是分几个层次的。我以前多次打过譬喻，说从爱因斯坦提出的质能方程（$E=mc^2$）到最终制造出原子弹，那是经过了许多中间环节的，是需要一个过程的。不能说你拿出这个质能方程，马上就能制造出原子弹，那是不可能的。涉及一些具体的美学问题，从一种基础的哲学理论到解释某一具体现象的理论，也是要经过很多转换或层次的，这些转换和层次恰恰是实践美学所要研究的。我以前只是提供一个基本的哲学看法，提供一个角度而已。再譬如说，自然人化的问题，也是需要转换过程的。具体到某一人化的对象，更是如此。所以，我一再提醒，讲理论问题，关键是看在哪个层次或哪个意义上讲。譬如讲美学，我把它分成哲学美学、科学美学、应用美学等，这就要看在哪一个层次上或哪个意义上讲问题。

到底什么是实践美学？在哪个层次上讨论实践美学？实践美学本身的意义在什么地方？这都需要讨论、澄清。今天这个会不是关于实践美学的发展和反思吗，那就要反思它的不足。譬如，把实践美学说成马克思主义的美学，那么蔡仪、朱光潜、王朝闻，这都可以算。他们都讲实践，都讲马克思主义，还有苏联的马克思主义，还有西方的马克思主义，还有卢卡奇等人，他们都是讲马克思主义的美学，我们讲的实践美学到底应在什么意义上界定呢？开这个会，希望把这些问题弄清楚点。另外，关于"实践""自由""超越"等词，大家都在随便用，但这些词到底是什么意思？也相当笼统模糊。所以，我多年提倡在中国搞一点分析哲学，希望有助于把相关的词义搞清楚，弄清它们到底是什么意思，在概念清楚的基础上再进步讨论。不然的话，还是一笔糊涂账。

5. 我昨天说过，以前我没有用过"实践美学"这个词。为什么没用？原因很多。其中之一是这个概念不清楚。什么是实践美学？凡讲实践的就是实践美学？所以我一直不用这个词。但是，为什么昨天我又表示愿意接受了呢？我在吸取海德格尔、马克思的教训，别人说海德格尔是存在主义，他不承认。但是，不管他承认不承认，现在人们认为他还是存在主义。马克思说他自己不是马克思主义者，可是到今天，人们仍然称呼他是马克思主义者。你说不承认吧，人家就这么认为你是这个。所以，我现在承认实践美学这个叫法。当然，实践美学是一个开放的词，可以有各种各样不同的实践美学。有人把蔡仪、朱光潜和王朝闻等人的美学，都叫实践美学，这当然可以。但与我所理解的实践美学没有多大关系。

我刚才与赵宋光先生谈过，可以用英文practical aesthetics来译实践美学。我也讲过，中国的"美学"不能翻译成Chinese aesthetics。但我在美国讲课的时候，还是用Chinese aesthetics。我知道这是不准确的，所以告诉美国学生说，Chinese aesthetics并不等于中国的"美学"。另外，中国的美学也不能叫做the science of beauty（美的科学），这样叫也不准确，只谈beauty是有问题的，还有sublime的问题，而且也不是"科学"。为什么会出现这种不得不使用西方概念的情况呢？因为这一百多年来我们没有办法，哲学也是这样。"中国有没有哲学"的问题，这是我很早提出来的。因为中国并没有西方的philosophy，中国也没有ontology或metaphysics。本体论讲Being，而中国没有Being这个概念，中国讲的是becoming，讲"生生之谓易"，讲"天行健"。西方讲phenomenon，讲noumenon。中国既不讲phenomenon，也不讲noumenon，因为没有本体现象二分的观念。所以，很早以前，也就是上世纪二十年代，马一浮曾游学美国，他能用英文，而且翻译了一些东西，但他自己讲哲学不用现成的英文词汇，而是坚持用中国的词汇，譬如道、气、心、性、太极等等，因为他觉得西方那些词在中国套不上。但他沿用中国的词汇终于也行不通。还有一位现在夏威夷工作的美国汉学家安乐哲，他就反对用西方的词来翻译中国的东西，觉得不对头。譬如说"天"，不是Heaven。中文中的"天"至少有两层意思，一是代表自然的"天"，二是代表神的意志的那个"天"。再譬如"气"到底应该翻译成什么？是物质的力material force，还是精神的力spiritual force？英文里也没有恰当的词。那么，是不是干脆就把"理"说成li，把"易"说成yi，把"气"说成qi。是不是还要回到马一浮不用哲学、本体、精神、物质，还是用道呀、理呀、气呀这类说法？恐怕也不行。中国没有本体、存在之类的概念，那又该怎么办呢？作为一个普世主义者，我觉得还是得用西方的词，还是要讲本体、现象、本体论。但是，在用西方词语的时候，要特别小心，譬如讲中国的philosophy，就要把中国文化的特征结合进去。我觉得这个办法可能比较行得通。那就是一方面讲这个东西，另一方面又知道它不是西方的那个东西。比如说本体，我们讲了很多的本体，但在根本上不是西方意义上的本体，不是康德意义上的本体noumenon。我们所讲的本体，就是本根、最后的实在或根本这个意思。

因此，基于上述考虑，我愿意接受practical aesthetics这个英文翻译。刚才有人问为什么用practical，不用work或labor？康德用

practical reason以区别于speculative reason，这个practical理性不是认识的理性，而是与人的行为打交道，是规范人的行为、涉及人的伦理的。为什么不用劳动或劳作而用"实践"？劳动或操作是群体活动，的确是狭义的实践，但只指示前一方面（生产）。这活动是一个过程，它不仅是使用制造工具的生产活动，而且也产生人的伦理规范和意识，是有主体间性的，从这里面产生伦理和价值。这是狭义实践（而非劳动）的另一个方面。在使用和制造工具的实践过程中，一方面产生了物质的东西，另一方面产生了对个体的要求，进一步便产生宗教和伦理。所以，我曾认为，形式逻辑的思维规律A=A，实际在根源上来自狭义实践的伦理命令A=A。宗教和伦理的特点就是个体必须接受群体的规范，以此来规范、引导自己的行为活动，这本身对人类有独立价值。我经常讲伦理和历史的背反，人可以不计利害，不问因果，明明知道会死，明明知道会失败，可偏偏就这么去做，知其不可而为之。我经常举这一个例子：面对你的两个敌人，一个举手投降，你很高兴；而另一个宁死不屈，打死他。即便打死他，你也不得不佩服他。有时候这种宁死不屈的牺牲看起来不值得，譬如屈原之死、史可法之死，但它们本身具有崇高的伦理价值，超乎利害，超乎因果，超乎历史进程，它比任何现象都高出一层。我们从幼儿园开始，就对小孩进行行为规范的教育，这就是进行伦理道德的教育，譬如教育他们不要拿别人的东西。到了一定的程度，这就成为一种内在的、自我的道德要求。伦理是就社会说，道德是就个体说。当然这是一个很复杂的问题，这里不能细讲。

假设你相信上帝，这伦理的根源便是先验的。我的哲学为什么叫人类学本体论或历史本体论，就是认为这个东西是历史的，来自人类本身。有人认为实践美学就是讲劳动而已，认为太低级了，而审美是非常高级的。高级的东西怎么能从这个低级的东西里面出来呢？其实，他们不知道，在生产、制造和使用工具的过程当中，群体的要求就是价值，通过巫术礼仪等程序，慢慢地将其制度化，慢慢地变成伦理规则。在中国，伦理、宗教和政治三合一。周公制礼作乐，然后孔子把它内在化，落实为心理的和伦理的要求。它们与审美是有深刻关系的。"美"这个字无论中西在早期都具有"善"的含义或与善连在一起的。而它们都首先来源于狭义的实践即使用—制造工具的漫长的人类历史过程中。

下面我讲一讲关于感性和理性的问题。我是不是讲得太长了？

6. 我最好还是讲完，否则不知道讲到哪里去了。刚才讲到康德，大家知道，康德讲理解和想象（understanding and imagination）这两种心理功能的自由游戏，以达到审美非概念的普遍性和非目的的目的性。康德认为，审美光"理解"（understanding）不够，所以加上了"想象"（imagination）与"自由游戏"（free play）。但康德是理性主义者，仅仅从心理的理性功能（理解，想象）来梳理，我认为是不够的。康德以后，尼采也好，杜威也好，马克思也好，都强调了感性。Freud讲性和无意识。我在《美学四讲》里面讲四个因素，除了理解和想象，还有知觉与情感。知觉与感官直接相关，情感更与人的生物本能相关。康德讲的都是人的高级的智力活动，而知觉、特别是情感却是涉及人的一些本能性的东西，如基本的欲望、性、畏惧等等。今天的心理学处于婴儿时代，经验心理学还只能研究一些最简单的东西（譬如知觉），还不能对情感、想象等等做出深入的研究和解释，还无法确定动物和人的区别。所以我期望，二十一世纪或二十二世纪脑科学充分发展以后，心理学会慢慢成熟起来。所以，我所讲的"文化心理结构"，是哲学，不是经验心理学。我以为是康德最早把这个问题提出来。十九世纪，一些关于康德的研究就讲康德哲学是心理学。但我认为，那是一种先验心理学。先验心理学不是心理学，它恰好是一种哲学，一种视角，一种形式，而不是对具体经验的实证研究。哲学就是提出几个基本性的概念，来支持某个视角。有的视角看得宽一些，有的视角看得窄一些；有的视角看得清楚一些，有的视角看得模糊一些。

昨天，我讲了为什么要借用Watson与Crick的双螺旋（double helix）。你看DNA可以有多少，每个DNA都不一样，但彼此之间都有关系。我借它来指审美和艺术也是多种多样的。这里面的那些因素，千变万化，可以生成许多东西出来，显示了艺术个性的重要。在与高建平先生多年前的对话中，我说过为什么不用心理文化结构，而用文化心理结构，认为不能颠倒，不是给每个人的心理装一个文化的框子。有人批评说积淀论是理性压倒了感性。其实，文化积淀到心理后，每个人的心理结构便很不一样。这恰恰强调了每个人的自然存在的重要性。每个人身体、欲望、生理情况不一样，譬如有的人力气大，有的人力气小；有的人个子高，有的人个子矮，等等。每个人的生理情况不一样，因此文化对他的积淀也不一样。你的和我的就不一样。加上不同的民族、不同的社会环境、不同的宗教背景、不同的教育环境和这些不同的生理基因相交织渗透，积淀的结果便更不一样，因此审美才可能有极大的开放性。它不是伦理学那些普遍规则，也不是逻辑学那些普遍定理，而是极其多样复杂、富有个性。这也正是文化心理结构或者说积淀所创造出来的。但我提出的仍然只是一种哲学观点视角，需要实践美学来做各种具体的研究。

例如，艺术创作和欣赏的多种多样，便都涉及这种结构、关系、比例关系。又例如，谈到当代艺术，为什么艺术与非艺术的界限模糊了？有人说艺术品是由艺术界（art world）来决定的，是由某种机构或制度或博物馆来决定的。这种解释行得通吗？我认为文化心理结构的角度，可能有助于解决这个问题。我曾经讲过：要走出语言。走出语言之后，又走到哪里去？我认为要走到心理去。二十世纪语言是哲学的主题，海德格尔也好，维特根斯坦也好，其他的人更不用说了，他们都是在语言的框子里面。我认为要走出语言，人类首先不是靠语言活着，而是靠粮食活着。这又要回到实践。在这一点上，我完全同意梅宝树先生的看法。实践首先只能做一个狭义的规定，以这个规定区别于一切其他的实践论。你讲实践论也好，实践哲学也好，实践美学也好，可以和我讲的没有关系。我所讲的实践美学，坚持以这个狭义的实践为基础。在这个狭义的基础上，并不排除其他东西。我刚才讲过，在这个狭义的实践即制造—使用工具过程中，便同时产生了伦理和价值，并独立于制造和使用工具。但这个狭义的实践即我所讲的工艺—社会本体是核心，它在任何时代都是维持社会的生存生长的基础。尽管现在不用那些笨重的工具了，是按电钮了，但还是在制造—使用工具。我所说的制造—使用，也是一个宽广的概念。我对赵宋光先生的研究非常重视。他的研究证实儿童时代通过动作获得知识，儿童在幼儿园就能学习代数。这些与我讲的"以美启真"便有关系。

7. 这就涉及操作与语言。操作必须有语言，从幼儿教育开始，必须要有语言。动物之间也有喊叫。动物和动物之间信息交流有时候靠喊叫，包括一些鸟类、灵长类等，但是它没有语义。语义是哪里来的？我认为语义是在人类生产实践中的那些经验中产生的，正是那些生产的经验、那些群体关系的经验造就了语义。这是我在六十年代提出过的看法。这个语言和动作的关系是很重要的，在古人类时期就存在这种关系。语言逐步转化为内在意识。语言是在先的，无论从历史角度考察，还是从科学角度考察，都是这样。所以，制造工具和使用工具好像是无所谓的东西，实际上是非常重要的东西。在动物叫喊里面没有使用和制造工具以及生产实践中所需要的语义，所以没有语义。只有人有语言和文字。

所以，首先还是要把一些基本概念搞清楚。实践既有狭义的概念，也有广义的概念。狭义的概念就是指制造—使用工具的活动，这个活动包括语言。但是，这上面还有好几层广义可以分出来。

8. 我简单说一下。我刚才讲，本体这个词是用在中国语境里面，就是本根、最后的实在的意思，不是康德的noumenon，不是与phenomenon相对的那个本体。刚才也说过，中国没有philosophy。但你讲中国哲学，不用这个philosophy，那用什么？我也讲过，自五四以来，从胡适、冯友兰一直到牟宗三，都是拿西方的框框来讲中国的东西。这种做法有它的成就，把中国的道、气、太极、性、理等讲不清楚的东西讲清楚了一些。但是，这在一定程度上也消解了中国文化的特征。那我们现在该怎么办？我们还得用这个概念philosophy。但是要说明，这个东西不是那个东西。刚才我讲了"天"的问题和"气"的问题，也讲了中国没有本体论。但是，我们还得用本体论这个词。我讲两个本体，也不是不可以。笛卡尔不是也讲二元吗？本体既然不是Being，我讲两个本体怎么就不行呢？并且我也讲过，这二者是有先后的，工艺本体在先，情感本体在后。尽管在制造工具本身的过程中，这两个就出现了。为什么要讲两个本体和先后呢？这是为了强调前者的基础性和后者的独立性，因为后者本身对人类构成意义。

我多次说过，在西方，在上帝面前，人的地位是很低的。但是在中国，人的地位非常高。人可以参天地、赞化育。在西方，人能参与上帝的工作吗？那是不行的。上帝和人是根本不同质的。上帝是全知全能的，人是非常渺小的。所以刘小枫说，中国文化最大的错误就是人的地位太高了。在犹太—基督教那里，人即使做得再好，假使上帝不批准，也没有办法被拯救。只有上帝可以拯救你，你不能自己拯救自己。在中国，人可以自己拯救自己，人能参与天的工作。正因为这种巫史文化的特点，中国没有产生像犹太教或基督教那样的宗教。犹太教和基督教传入中国数百年，也始终没有形成大的气候。河南开封不是有宋代迁入的信奉犹太教的犹太后裔吗？没有发展起来。以后基督教也如此。这与中国的文化有关系。我为什么扯得这么远，因为这与我们要讲的本体问题有关。

中国的教是礼教，由巫史变来，是政治、宗教、伦理三合一。我们为什么要遵守伦理，为什么对老人要尊重？要孝敬父母友爱兄弟？这些人间的规定，为什么要严格遵守？因为它有神圣性、宗教性。中国为什么不讲being，而讲becoming？就是因为中国巫术里面的神明是在活动中出现的。譬如现在的巫师作法术，跳着跳着，神就出来了。因此，神不是对象化的存在，而是在人的活动之间显灵的。它非常不确定，"惚兮恍兮""视而不见""听而不闻"，看也看不到，听也听不见，但神就在那里面，这就是巫术和礼仪。巫术在每个民族中都有，但中国的巫术由于其理性化很早，很早就过渡到一种礼制。所以我说，周公、孔子和秦始皇对中国的历史贡献最大。周公的家族包括儿子是巫，中国上古的君王如尧舜禹汤以及更早的都是大巫师。考古学证明，在红山、良渚等文化中，巫就是王，巫和王是合一的，政统与神权是合一的，我赞同考古学家张忠培的"神王"论。后来才演变成礼制，我叫"理性化"。汪晖说，理性化应该是韦伯讲的从中世纪脱魅转入世俗生活的结果。但我所讲的理性化，是一种宽泛的用法，是指从完全与情感混合在一起的巫术迷狂活动中脱魅出来变成一个可以认知、可以理解、可以客观处理的东西，即变成了理性的礼仪制度和伦理—心理。这就是我强调的"由巫到礼"。这是中国文化的一大关键,与中国人的心理本体有关。

我去年发表了一篇文章,说自己的学说有三个来源:一个是马克思,一个是康德,一个是中国传统。我把它们三者结合在一起。我欣赏马克思的话,我为人类工作。王柯平先生在他提交的论文中,认为我是普世主义者,很准确。我是一位普世主义者,不是民族主义者。中国人口那么多,为中国与为世界做贡献并不矛盾。我把西方的东西引了进来,也接受了普世主义的价值观。譬如,我采用了本体这个概念,但又不同于西方的那个本体。我所说的本体是指人类存在的根本性的问题,注重生存的物质方面的基础,所以与卢卡奇的社会存在本体论或马克思的本体论近似,都注重社会存在或人类存在这个根本问题。有人说我不能用这个词。为什么不能用"本体"?我明确做出自己的规定,有何不可呢?譬如实践美学,我有我的解释,你可做你的解释。这都可以呀!我所理解的实践是这样,我所理解的实践美学是如此,你也可以有你的解释和规定呀!毛泽东讲实践,讲吃梨子是实践,它可能来源于恩格斯引用的英国成语"证实布丁在于吃",而我讲的实践就不一样,我认为讲实践不能离开生产实践的唯物史观。我们还是回到刚才的话题。我这里先说了工具与情感这两个本体,至于度的本体性以及我在这篇提供给会议的文章中提到的物自体,没有时间,暂且不谈。

9. 关于本次会议提出的问题,譬如整体压倒个体、理性压倒感性,还有哲学代替美学等,今天我对这几个问题都做了直接或间接回答。例如我讲文化心理结构,这里面的几种心理功能究竟是怎么样的?这个结构中的理性与感性是什么关系?应该说,这是一种互相渗透的结构关系,而不是某种压倒的关系。恰恰不是整体压倒个体、理性压倒感性。上世纪八十年代,刘某向我挑战,他是要张扬个性、张扬感性的。我说我和他有一个很大的区别。这个区别就是他所说的感性与个性,是动物性。把所有理性撤开以后,那就是动物性。这是不是个性呢?恰恰不是。人的个性是经过社会性、理性和心理结构而发展起来的,所以才具有无限的丰富性。动物听到音乐可能也会动起来,牛听到音乐可以多产奶,这是自然反应。但是,动物能分辨出贝多芬、柴可夫斯基和莫扎特这些音乐家的作品吗?不可能。动物有信仰吗?有道德吗?有数学吗?没有。而人有。社会性与理性落实到每个个体,其结果不一样,正是它把个体的潜能充分发展了出来。我们知道,每个人的潜能是不一样的。有人能干这个,有人能干那个。包括在做研究方面,有人善于分析,有人善于综合,有人善于提出问题,有人善于搜集材料。人在科学、艺术和审美中有各种各样的不同。再譬如说,许多人都爱唱歌也爱体育,但不是每个人都能成为歌唱家,也不是每个人都能成为体育健将。这里面有个体生理的差异。加入理性之后,成了更多样更复杂的文化心理差异。重要的是,怎样能把生理基础上的心理部分充分加以实现,这就是实现自己。要实现自己,光靠动物性是不行的。其实,那种忽视理性因素的个性,包括现在有人讲的生存呀等等,远远没有超出尼采。尼采早就说过,审美就是生理,就是生理上的快乐。尼采讲得很清楚,而且有些东西讲得很深刻,比现在好些人深刻得多。我认为仅仅大讲感性或个性,经常就会忽略理性与社会性的重要作用。人是依靠理性与社会性这些东西才能成为人类的,而不是靠生物性。也恰恰是理性和社会性,使人的生物性得到充分的发展。当然,这里面一定有很多异化,一定有很多冲突,这是很难避免的。人要摆脱异化,将其降到最低程度。这些问题都很大,牵涉的面很广,我今天只是非常简单地提一下。现在由你(赵宋光)讲。

10. 天理是中国的宋明理学作为本体追求的东西。在中国,由于经验和超验、这个世界和那个世界总是搅在一起，不能截然分开，所以就达不到那个宗教的高度。我认为新儒家追求宗教性是失败的，而且他们的失败是宋明理学的失败。我贯彻的是巫史文化说，也就是一个世界说。这里所说的一个世界，就是这个人生，人就在这里安顿自己。我讲情本体，是在郭店竹简发现之前，当时一位著名学者说我讲情就不算哲学，我笑而未答。郭店竹简发现后，证明老祖宗是支持我的，我特别高兴也很得意。所以我讲情本体，这才是真正继承中国的传统。在这个传统中，中国儒家把世界情感化了，因此讲"天地之大德曰生"。天地对你是好的，是带有情感的，这实际上是人把自己的情感对象化了，这是很有意义的。追求超验的失败，说明只能在经验中追求超越，这就是情本体。

就像刚才王柯平讲的——怎么样才能建立新的天人关系？而且王柯平讲的那一点很重要，我不赞成有的先生讲的要回到古代去。今天的天人合一恰恰应该建在现代工业基础上，这个徐恒醇昨天也讲过。这个关系不是个人关系，不是小桥流水人家上的天人合一。那种纯粹怀古式的东西是不够的。现代大工业生产与天人合一会有什么样的关系？它显然不同于古代山水画或小桥流水，也不只是个人修养的境界，我在《美学四讲》中已讲过了。但像刚才某位先生指出的那样，我所讲的只是点下，很多东西没有展开。

11. 这个在《批判哲学的批判》里面讲过。所谓transcendent的第一层含义就是超验，超越出经验，是经验所不能达到的，不可认知，只能思考。第二层意义就是先验transcendental，先验就是普遍必然，不能从经验中整合出来，但必须应用于经验之上。第三层含义是指先天的。我是坚决支持把先验和超验区分开来。超验就是超越经验，是人所不能达到的。譬如西方的上帝观念。康德所讲的先验的东西，那是一套规则，不是经验能够产生，而是用来建构经验的，因此才有普遍必然性。

普遍必然性从哪里来？康德认为必须有一个先验的认识形式，康德提出时空直观和知性范畴。这种先验形式从哪里来？康德没有说。先验就是先于经验。我认为它仍有来源，它来源于人类基本实践基础上所构建的一套心理形式。这也只能是种猜测，是先验心理学。我多次讲过，经验心理学还处于婴儿阶段，还不能承担这个任务，因此只能提出一些哲学设想，设想一定的形式。而这形式对个人来说的确是先验的，但不是生理的先验。我讲历史本体论，历史有两种含义：一种就是马克思讲的历史，认为历史是时代的、社会的，主要讲的是历史的暂时性；另一种就是我所强调的历史的积累性。

有两句题外话，"积淀"这个词是我造的。造了这个词以后，许多人都在使用它，甚至包括诗人。在造词的过程中，我与赵宋光先生的意见有差异。他用"淀积"，我用"积淀"，我们在这方面的意见有分歧，我认为这两个词的意思不同。为什么不同？我认为"积淀"是先积累然后沉淀下来，在这里我注意的是历史的积累性，这是一个动态过程，主要讲的是活动，不是实体，是function，即功能性的东西。但"淀积"一词可以用在讲述"积淀"心理的成长上。

有一点刚才高建平先生也讲了，我是特别支持杜威的一些观点的，我在《批判哲学的批判》那本书里提到这一点，同时也批判了他几句。实际上我是这么看的：尽管杜威本人是反对马克思主义的，他在社会政治立场上是左翼的，哲学上是接近马克思的。杜威哲学讲situation（情境），讲解决问题，人生存便会遭遇困难，就要不断地去解决问题，就要去做，去action，去practice，然后把这个世界的秩序整理出来。杜威特别注重操作。杜威讲数学的来源就是在操作里面出现的，如加、减、等于、等量等等一些基本概念，他讲得很详细。我认为这恰恰符合马克思的思想，但马克思没有这么讲过,所以杜威实际上可以说是发展或旁证了马克思的有关思想,我在书中强调了这一点。但杜威也有问题,他没有特别重视制造—使用工具的实践活动,即我强调的"狭义"的实践概念,没有从理论上将其提升到应该有的重要地位,而是把这种活动与其他活动混为一谈,其实也正是把狭义、广义的实践混为一谈,从整体来说,杜威就将它看成是生物适应环境的活动。所以,我也依然坚持当年在书中对杜威的批评,依然坚持将其与以人类历史为基础的实践论区别开来。我更不会同意今天罗蒂等人对杜威所做的相对主义的阐释。

从昨天到今天的会上,加起来我前后都讲了快两小时了,其中大多是在重复过去讲过的东西。大家也许没有特别注意,我一方面强调唯物史观,但另方面我又认为要走出唯物史观。走到哪里?走向心理。所以,我谈情本体、心理本体。我认为心理问题是二十一世纪、二十二世纪的大问题。如果人"怎么活"的问题解决到一定程度的话,"为什么活"就成为一个主要问题。革命为什么?还是为了活,主要是为了解决怎么活的问题。当社会两头变得非常小、中间变得非常大而告别革命以后,就会追问生存的意义了。到底为什么活着?一些年轻人说,活着实在没有意思。那自杀好了。但是,人很少去自杀,因为生存是一种动物性的强大本能。那怎么办?只好自己做选择。我说过有各种各样的选择,有人为名活,有人为利活,有人为子孙活,有人为国家活,等等。也有人讲,自己就活在当下,过把瘾就死,其他都毫无意义。但这样真行吗?黑格尔说动物有空间,而没有时间,这有深刻的道理。野兽认为这个领地是它的,不允许其他动物进来,它的空间"观念"很强。而人除了空间,还有时间概念。

现在,有许多犯罪,包括杀人啊、吸毒啊,等等,这里面当然有社会因素，但很多是心理原因。心理问题表现得越来越突出，越来越重要。所以，我就提出了心理本体或情本体。情本体是心理本体的一个部分。心理本体还有认知等，而情本体是将情凸显出来。在这个问题上，杨恩寰和韩德民等几位先生都讲得很好。当然，我还可以就此讲很多。有人会问：我这里一下子提出那么多本体，是不是很奇怪？是不是一个本体变两个本体、三个本体、四个本体？我讲的是两个本体，度只是"本体性"，"情本体"只是心理本体的一个部分，并没有讲那么多的"本体"。

怎样走出唯物史观？这里最重要的是工作时间。我们现在每周工作五天，假如说全世界的工作日只有每周三天的话，那另外四天干什么？现代西方马克思主义和文化批判等理论指出：业余时间内我们也做了资本和广告的奴隶等等。那么，如何来摆脱这些？如何来解决人被异化的问题？这也是我为什么要讲教育将成为中心任务的问题，这与实践美学也是紧密连在一起的。

再讲讲第一哲学。我认为美学将作为第一哲学，但这是未来时态。现在的第一哲学是政治哲学。从古希腊到中世纪，第一哲学是本体论；到了近代，是认识论；后来的康德哲学也好，存在主义哲学也好，便是伦理学。伦理学可以分出两个方向，这一点我在《己卯五说》中也提到了：一个方向是伦理—宗教，另一方向是伦理—政治。像哈贝马斯等人，讲哲学与法律和政治的关系等等。这些东西对现代中国来讲是很重要的，很值得中国的学者进行深入的研究。我欣赏西欧共同体。马克思当年讲过，国际无产者联合起来。他所讲的"国际"，就是指西欧那一片。主要是德国、英国和法国。在西欧那一片里面，今天不仅国际无产者联合起来，而且资产阶级也联合起来。欧盟成立是由于经济利益，而又经过全民投票，丹麦当时不参加，等了几年才参加。我认为这一点恰恰证明了唯物史观的生命力。我们知道，经济的力量是十分重要的。不要以为我讲"吃饭哲学"就是吃米饭、馒头这种意思嘛，我是要用"吃饭哲学"这种似乎"粗鄙""庸俗"的语词，来刺激那些专讲精神性的"生命哲学""灵魂超越"但蔑视物质生活的哲学家、美学家们。实际上，我讲的正是经济力量。这种经济力量，能够使不同文化、不同宗教、不同语言、不同传统的一些国家，像法国和德国那样的"世仇"都联合起来，这很有意义。我是从1958年关注这个问题的，一直有人说欧盟一定会垮台，我看不见得，因为它有经济基础。因此，进一步怎样搞欧洲联邦宪法制度、怎样建立欧洲议会制等等，我很关注这类问题。这也有助于展望将来的"世界大同"等问题。

我曾谈到两种乌托邦：一个是社会工程的乌托邦，另一个是人性的乌托邦。我重提人性问题。这是一个老问题。人性这个词的使用是很混乱的。一些大量使用的词汇，如人性、实践、自由、超越等，其具体意思都不太清楚。什么是人性？人性有时候好像是动物性，有时是超乎动物性的。到底什么是人性？我觉得这个概念非常不清晰。我的看法是，人性不是动物性，但不离开动物性，人的身体结构所表现出的生理方面的功能，就是动物性的。但是，由于文化的原因，使人的身体结构上升到文化心理结构，这就是人性，我称之为"人性能力"。当然，"人性"与"人性能力"也不能完全等同，这以后再说。今天的高科技、新技术，都是外在的；内在则是通过教育产生的人性能力，包含着历史的积累。外在的我称之为人文（human culture）；内在的我就称之为人性（human nature和human capacity）。人性能力是人性的主要特征和骨干部分。到底是什么？我把它叫做文化心理结构，即知、情、意，我用理性内化、理性凝聚以及审美情感等概念来谈这个问题。

我在《论实用理性与乐感文化》这篇文章里面，不仅讲到情感问题，也涉及宗教问题。中国没有基督教、伊斯兰教或犹太教那样的宗教。但儒家、道家和佛家都有二重性，一方面是哲学性，另一方面是宗教性。儒道释作为宗教在中国广大的民间是有广泛基础的。如何使中国传统发挥作用，这个"三教"便是一个很值得研究和注意的问题。一些学理看起来是抽象，实际上和现实有着紧密的联系，这就要看你怎么去做。做哲学可以分为不同的层次，每个人都可以做一部分。我所做的是其中很小的一点点。在美学领域，有哲学美学的研究，科学美学的研究，趣味史的研究，应用美学的研究，从环境美学到各门艺术美学的研究，可以分为不同的层次。实践美学也是如此。用实践美学这个词可以，不用这个词也可以，重要的是以其基本的哲学观点来研究其他层面的问题，如已经讲过的心理形态等问题。其中也包括"美育代宗教"（蔡元培）的问题。

1978年，于光远在一次会议上问我："哲学研究什么？"我当时回答说："哲学研究命运。"实践美学的前景应该考虑人类的命运，应该考虑人类走到哪里去的问题。这当然是站在中国的立场去考虑。中国人口占整个世界人口的百分之二十二点七，因此首先要考虑中国的命运是什么，这个命运关系到人类的命运。在这一点上，我赞成王柯平的说法：我不是民族主义者，而是普世主义者。我十分重视从普世主义的角度来思考人类的命运和中国的命运。

以前多次讲过，我对自己是悲观的，但对人类是乐观的。好像也有人这样说过康德。记得是八十年代在美国，有一个教授说，里根一定会发动世界大战，世界也就完蛋了。那时知识分子讨厌里根和现在讨厌布什一样，是非常厉害的。有人甚至说里根是疯子，在知识分子中的支持率很低。我对这位美国教授说，里根不会发动世界大战，世界也不会完蛋。如果你对人类这么悲观，那你今晚还拼命写作干什么？不如随便玩玩算了。人生的意义是自己寻找的，人的命运是自己掌握的。我认为人类自己的命运是自己决定的，不是神来决定的。要是神来决定命运就好了。自己决定命运是很困难很艰难的，因为要做各种选择、各种判断、各种努力，才能找到一个你认为理想的命运。所以，我强调人的命运是偶然的，不是必然的，今天人类的确已经处在一个十字路口，如何掌握自己的命运非常重要。就随便说到这里，谢谢各位！

12. 我解释几句。情有关欲望。欲望是属于自然性的东西。过去是衣、食、住、行，我后来加上性、健、寿、娱。现实生活在不断发生变化，以前贵族的奢侈品，现在成了人们的必需品（像汽车）。这说明人的生活有不断的进步和要求，不仅仅限于吃饱，还有一个吃好的问题，也就是衣、食、住、行、性、健、寿、娱不断提高的问题。人的生存要求不是简单地满足一种吃饱的状态，还有更高级的东西。你接着谈。

13. 你的"回归自然"是什么意思？这个需要搞清楚，不能把回归自然等同于回归到人的动物性，我和高建平的对话中谈到这个问题。就文化心理的积淀而言，所强调的是个体的创造性，在这一点上普遍存在着误解。到现在为止，批评文化心理结构的一些学者，大多是说我用外在的、社会的、理性的一些东西控制人。其实恰恰相反。前面已经强调说过了，文化的积淀对于每个人都不同，因而通过文化使人的个体性更加明显、更加发展，所以人不是机器，不是模式。文化心理结构不是心理文化结构。每个人的心理结构是不一样的，因为每一个人的身体是不一样的，内在的许多东西也是不一样的。因此，文化进入人心中所产生的作用不一样，这正是人的全面发展的心理，这才充分表现出人类潜能的发展与个体的自由。这我已反复说过不知多少次了。

14. 有人问"自然的人化"是马克思那里传下来的，那么，"人的自然化"是否是中国传统文化中一个很有特色的说法？我以为也可以这么说。昨天赵汀阳问我，中国最重要的十个哲学家是谁？他问的是标准答案，我说没有标准答案，只有参考答案，因为每个人的答案可以不同。我的答案是：在中国，第一个是孔子，第二个是庄子。孔子是"自然的人化"，庄子是"人的自然化"。一般是孔、孟或孔、老并称，似乎还很少像我这样孔、庄并称的。我认为庄子十分精彩，将来会被世界公认。现在西方并不很了解。

15. 前面提到中国的传统。这方面讲的人很多，我在这里仅补充一点：先秦儒学讲的是礼乐，汉代儒学讲的是天人，宋明理学讲的是心性，我是第四期儒学，我讲"自然人化""情本体""实用理性""积淀""度""文化心理结构"等等，概括地说是情、欲，是儒学在现代的真正发展。此外，人们一般都把孟子抬得很高，但我认为荀子才是孔门的"正传"，所以我重视儒家"外王"这根线索。我认为如果只有孟子的线索，或者只有老子、道家、佛教，那么中国传统早就不存在了。因此，从孔子到荀子到董仲舒到一些宰相，如桑弘羊、刘晏、杨炎等人，其功劳可谓大焉，其中也包括秦始皇。陈寅恪说李斯受荀卿之学，帮助秦始皇做了大事，这句话很有见地。上面是我的一家之言，大家可以批评。对不起，扯得太远，超时间了。

（本辑摘自《论美感、美和艺术》1956、《李泽厚哲学美学文选》1985、《实践美学短记》2004、《李泽厚近年答问录》2006）

第三辑

建立新感性

人性心理本体

人从动物界脱身出来,形成了人性心理。这人性心理是通过社会群体的各种物质的和精神的活动而实现的。其中,如我所一直强调,原始人的物质生产活动和巫术礼仪活动,是人性形成的最为重要的基础。人性心理在这基础上,通过世代的文化承袭而不断丰富、巩固、变异和发展,并随着人际关系的扩展而获有越来越突出的人类普遍性和共同性。所以,人性心理并非先验的产物,也非某个圣贤先知的个体创作。

人从动物界走出来,是依靠社会群体。但群体又由各个个体组成。个体并不完全屈从于、决定于群体,特别是群体社会愈发展,个体的作用、地位和独创性便愈突出和重要。个体的这种主动和独创可以是对群体的既成事实和心理积淀的挑战、变革和突破,而当这种挑战、变革和突破逐渐为群体所接受或普遍化时,它便恰好构成了群体心理的事实和革新。群体与个体便这样处在辩证关系中,尽管这是理想化了的简单公式,现实和历史要复杂万倍。

我所说的"新感性"就是指的这种由人类自己历史地建构起来的心理本体。它仍然是动物生理的感性,但已区别于动物心理,它是人类将自己的血肉自然即生理的感性存在加以"人化"的结果。这也就是我所谓的"内在的自然的人化"。

如所提出，自然的人化包括两个方面，一个方面是外在自然，即山河大地的"人化"，是指人类通过劳动直接或间接地改造自然的整个历史成果，主要指自然与人在客观关系上发生了改变。另方面是内在自然的人化，是指人本身的情感、需要、感知、愿欲以至器官的人化，使生理性的内在自然变成人。这也就是人性的塑造。一个小孩如果不经过教育，不经过社会环境的塑造，就不能成长为人。如果小孩生下来被狼叼去，狼孩经过一段时间后，再也学不会语言，他（她）爬行，咬东西，也无所谓人性。因而我认为人性不是天生就有的。两个"自然的人化"都是人类社会整体历史的成果。从美学讲，前者（外在自然的人化）使客体世界成为美的现实；后者（内在自然的人化）使主体心理获有审美情感。前者就是美的本质，后者就是美感的本质，它们都通过整个社会实践历史来达到。

现在人们喜欢讲人性、共同美。我这里讲的共同人性，重复一下，是认为它并非天赐，也不是生来就有，而是人类历史的积淀成果。所以它不是动物性，也不只具有社会（时代、民族、阶级）性，它是人类集体的某种深层结构，保存在、积淀在有血肉之躯的人类个体之中。它与生物生理基础相关（所以个体的审美爱好可以与他先天的气质、类型有关），却是在动物性生理基础之上成长起来的社会性的东西。它是社会性的东西，却又表现为个体性的。我在1956年提出的"美感两重性"（社会功利性与个人直觉性），也正是指的这种积淀了的审美心理结构。所谓"积淀"，正是指人类经过漫长的历史进程，才产生了人性，即人类独有的文化心理结构，亦即从哲学讲的"心理本体"，即"人类（历史总体）的积淀为个体的，理性的积淀为感性的，社会的积淀为自然的，原来是动物性的感官人化了，自然的心理结构和素质化成为人类性的东西"（拙作《康德哲学与建立主体性的哲学论纲》)。这个人性建构是积淀的产物,也是内在自然的人化,也是文化心理结构,也是心理本体,有诸异名而同实。它又可分为三大领域:一是认识的领域,即人的逻辑能力、思维模式;一是伦理领域,即人的道德品质、意志能力;一是情感领域,即人的美感趣味、审美能力。可见,审美不过是这个人性总结构中有关人性情感的某种子结构。

如同人类创造了日益发达的外在物质文明的世界一样,人类的这个文化心理结构或心理本体也在不断前进、发展、创造和丰富,它们日益细致、丰富、敏锐和复杂,人类的内在文明由之而愈益成长。从儿童可以看出,任何种类的人类动作的形式结构(例如使用工具的动作)的获得,都绝不是一件容易的事。成人看得极为简单的几乎是本能性的动作(例如结绳、使用筷子),对儿童来说都要经历一个从学习到熟练的艰难过程。审美心理结构的获得,当更是如此。就人类说,它经历了漫长历史过程;就个人说,它必须有一个教育过程。而无论就人类发展或个体教育说,审美心理结构最初都是从活动中获得而后才逐渐转化、变形为静观的。就人类说,原始人的图腾歌舞是审美心理的最早的建构状态;就个人说,儿童的美育也应该从幼儿的游戏性劳作、歌舞动作活动开始,而后才进入对美术、音乐等等静观欣赏。总之,由活动到观照,这既是外在自然人化的行程,也是内在自然人化的行程,包括审美心理结构的历史产生过程(智力结构的形成可参考Piaget的著作)。它们本是同一人类史程的内外两个不同方面,它们同时进行,双向发展。

既然是历史的产物和成果,审美心理结构就不是一成不变的,而是随时代、社会的发展变迁在不断变动着。所以,这个共同人性和审美心理结构在具体历史条件下,总常有特定的历史的痕印,即具体的社会、民族、时代、阶级的特色。例如中国民族传统的审美心理结构，表现在艺术作品上，线重于色，想象重于感知，喜欢意在言外，强调情理和谐，带着长时期农业社会和儒道思想的痕迹。但民族性毕竟又是随着时代性而变化的，物质生活世界的变化迫使着精神、心灵及其结构相适应，从而心理诸因素的配置组合也必将变化。例如随着技术工艺和自然科学发达所带来的生活变迁，便使艺术中哲学意识、抽象理解和下意识的成分、因素都分外加重了。总之，随着历史的前进，随着整个人类心理结构的变化发展，人们在审美活动中的主观能动性愈益增大，每个人作为艺术家的习惯和能力在增强，审美的范围在扩大，艺术欣赏中的再创造程度不断提高，非美以至丑的对象日益容易变为审美对象，这既是反映现实世界中美的领域的扩大，也是表现心灵世界中审美能力的提高。它们标志着两个"自然的人化"的不断进展。

内在自然的人化，是我关于美感的总观点，它又可分为两个方面。

第一，感官的人化。Marx在《1844年经济学—哲学手稿》（下简称《手稿》）中说，人的五官是世界历史的成果。这即是说它们是由社会实践所造成的。如谈美的根源所说，人类的实践活动不同于任何一种动物生活活动的根本分界之所在，就是人在劳动生产中能使用和制造工具。当原始人制造工具时，就必须注意它们的功能和形态，并把它们联结起来，如能穿刺的尖形、能滚动的圆形等等，在对事物的功能、形态的把握中，透过形式看到它的价值意义，这就使人的感官更加复杂。例如，它不仅是比较被动的触觉，而是更为主动的动觉。

人的生产活动的面要比动物"生产"活动宽广复杂得多。人的活动不是单一的。从单一看，人有很多方面不如动物（没有动物的敏眼、锐牙、利爪、长腿、双翼、巨体、强力），人的本能的力量、能力要比好些动物差得多，但由于人是使用、制造工具的动物，在劳动生产中用工具改造自然界，涉及和揭示自然界的各种联系和矛盾，就要比动物宽阔得多，丰富得多。现实物质世界的各种各样结构、规律和形式日益深入和广泛地被揭示了出来，并首先保留、巩固、积累在这种劳动实践之中，这当然便直接作用于感觉、知觉、感受和情感等等人的感性存在和五官感觉，而与动物区别开来。人的眼睛不同于鹰的眼睛。鹰的眼睛比人的眼睛看得远，它在高空中飞翔，对地面上的细小东西看得也很清晰。从生物本能这方面比，人的眼睛大不如。而且，就人类自身说，现代人的眼睛也不同于原始野蛮人的眼睛，原始人在攫取动物时眼睛很锋利，这也是现代人所达不到的，这好像是一种生理性的退化。但另一方面，却又有极大的进步，鹰和野蛮人不能观赏高级的造型艺术。人类听音乐的耳朵，欣赏绘画的眼睛，拉小提琴的手，都是随着人类历史的发展而出现的，这种进化便不只是生物性、生理性的了。Da Vinci的《蒙娜丽莎》，便不是野蛮人所能欣赏的。她的外貌所表现的内在的东西，非常丰富而微妙，不具有一定水平的"感受形式美的眼睛"是很难欣赏的。这也就是自然感官的人化。

感官人化的特点，从哲学上讲，就是Marx讲的感性的功利性的消失，或者说感性的非功利性的呈现，我认为这是Marx在《手稿》中的一个很深刻的思想，他十分强调人的感觉和需要与动物不同。动物的感官完全是功利性的，只是为了自己的生理性的生存。人的感官虽然是个体的，受生理欲望支配，但经过长期的"人化"，逐渐失去了非常狭窄的维持生理生存的功利性质，再也不仅仅是为了个体的生理生存的器官，而成为一种社会性的东西，这也就是感性的社会性。理性的社会性比较好理解，因为理性是指逻辑思维、伦理道德，总是和社会性相连。感性的社会性就比较难理解，因为感性总是具体地和个体的直接生存、欲望、利害相连，社会性似乎很不明显。美学要解决的恰恰是感性的社会性。Marx恰恰讲的是感性的社会性，感性的社会性是超脱了动物性生存的功利的。动物为了生存的需要，必须不停地觅食，不填饱肚子就无法生存。它们的感知器官完全是为了生存（当然还有生殖）而活动而存在。人恰恰与动物在这方面区别开来。人的感性不只是为了生存、生殖的功利而存在。正因为此，眼睛才变成了"人"的眼睛，耳朵才变成"人"的耳朵。Marx说："因此，（对物的）需要和享受失去了自己的利己主义性质，而自然界失去了自己的赤裸裸的有用性，因为效用成了属人的效用。"（《手稿》）就是说，它们不再只是属于自然的、直接的、消费的关系，不再只是与个体的直接的功利、生存相关。对于一个饥饿的人，并不存在食物的"人"的形态。他跟动物吃食没有什么区别，这是有很深刻的道理的。中国吃饭筷子上常刻有"人生一乐"几个字，把吃饭当成是人的快乐与享受，不是纯功利性的填饱肚子。总之，是说人的感性失去其非常狭窄的维持生存的功利性质，而成为一种社会的东西。这也是美感的特点。它具有个体感性的直接性（亦即所谓直观、直觉、不经过理智的特点），但又不仅仅是为了个人的生存，它具有社会性、理性。所以，审美既是个体的（非社会的）、感性的（非理性的）、没有欲望功利的，但它又是社会的、理性的，具有欲望功利的。也就是说，审美既是感性的，又是超感性的。为什么味觉、嗅觉、触觉不能成为主要的审美器官，因为它与个体需要和享受直接关联得太紧密，带有直接功利性质，动物性的因素仍然很强。为什么视觉和听觉能成为主要的审美器官（包括在文学领域，也是与视觉、听觉相关的想象、表象最为发达），就是因为它失去了个体利己主义的性质，更多的是人化了的感觉，在这种感性中充满了社会性东西，它们已经成为社会人的主要器官。

第二，情欲的人化。这是对人的动物性的生理情欲的塑造或陶冶，与人是具有感性欲望的个体存在的关系极为密切。人有"七情六欲"，这是维持人的生存的一个基本方面，它的自然性很强。这些自然性的东西怎样获得它的社会性？例如"性"如何变成"爱"？性作为一种欲望要求，是动物的本能，人作为动物存在，也有和动物一样的性要求。但是动物只有性，没有爱，由性变成爱却是人独有的。像安娜·卡列尼娜、林黛玉的爱情，那是属于人类的。因此，人们的感情虽然是感性的、个体的，有生物根源和生理基础的，但其中积淀了理性的东西，有着丰富的社会历史的内容。它虽然仍然是动物性的欲望，但已有着理性渗透，从而具有超生物的性质。Freud讲艺术是欲望在想象中的满足，正是看到了人与动物的这种不同。

《批判哲学的批判》再三说明了这一点。其中曾引Marx的话："男女之间的关系是人与人之间的直接的、自然的、必然的关系。在这种自然的、人类的关系中，人同自然界的关系直接地包含着人与人之间的关系，而人与人之间的关系直接地就是人同自然界的关系，就是他自己的自然的规定。因此，这种关系以一种感性的形式、一种显而易见的事实，表明属人的本质在何种程度上对人说来成了自然界，或者自然界在何种程度上成了人的属人的本质。因而，根据这种关系就可以判断出人的整个文明程度。"①这即是说："性欲成为爱情，自然的关系成为人的关系，自然感官成为审美的感官，人的情欲成为美的情感。这就是积淀的主体性的最终方面，

---

① Marx:《1844年经济学—哲学手稿》，何思敬译，人民出版社，1963，第85页。

即人的真正的自由感受。"①

审美就是这种超生物的需要和享受,这正如在认识领域内产生了超生物的肢体(不断发展的工具)和语言、思维即认识能力,伦理领域内产生了超生物的道德一样。人性也就正是这种生物性与超生物性的统一。不同的只是,认识领域和伦理领域的超生物性质经常表现为感性中的理性,而在审美领域,则表现为积淀的感性。在认识领域和智力结构中,超生物性表现为感性活动在社会制约下内化为理性;在伦理和意志领域,超生物性表现为理性的凝聚和对感性的强制,实际都表现为超生物性对感性的优势。在审美中则不然,这里超生物性已完全溶解在感性中。它的范围极为广大,在日常生活的感性经验中都可以存在,它的实质是一种愉快的自由感。所以,吃饭不只是充饥,而成为美食;两性不只是交配,而成为爱情;从旅行游历的需要到各种艺术的需要;感性之中渗透了理性,个性之中具有了历史,自然之中充满了社会;在感性而不只是感性,在形式(自然)而不只是形式,这就是自然的人化作为美和美感的基础的深刻含义,即总体、社会、理性最终落实在个体、自然和感性之上。

总起来说,美感就是内在自然的人化,它包含着两重性,一方面是感性的、直观的、非功利的;另方面又是超感性的、理性的、具有功利性的。这就是我1956年提出的"美感的矛盾二重性"。从那时起,我就一直认为,要研究理性的东西是怎样表现在感性中,社会的东西怎样表现在个体中,历史的东西怎样表现在心理中。后来我造了"积淀"这个词,就是指社会的、理性的、历史的东西累积沉淀成了一种个体的、感性的、直观的东西,它是通过"自然的

---

① 拙作《批判哲学的批判》(修订本),人民出版社,1984,第435页。

人化"的过程来实现的。这样，美感便是对自己存在和成功活动的确认，成为自我意识的一个方面和一种形态。它是对人类生存所意识到的感性肯定，所以我称之为"新感性"。一句话，所谓"新感性"，乃"自然的人化"之成果是也。

记得我年轻时看高尔基的《克里姆·萨姆金的一生》第一卷末尾，那个女孩在第一次性经验时想，这就是朱丽叶所希望而没有得到的吗？细节完全记不清楚了。但这一点似乎没忘记。当时我感觉她提出了一个很有意思的问题，即性与爱的关系、二者的共同和差别问题。在现代，"爱"这种罗曼蒂克被一些人认为早已过时了，只堪嘲笑，因之强调的完全是性的快乐。性的快乐当然重要，它在中国长期遭到封建禁欲主义的过分压抑，值得努力提倡一下。而且性的快乐（做爱）也有人的创造，并非全是动物本能。但它毕竟不是人类心理发展的全貌。从整个文化历史看，人类在社会生活中总是陶冶性情——使"性"变成"爱"，这才是真正的"新感性"，这里边充满了丰富的、社会的、历史的内容。性爱可以达到一种悲剧感的升华，便是如此。同时它也并不失去有生理基础作为依据的个体感性的独特性。每个人的感性是有差异的。动物当然也有个性差异，但这种差异仍然只服从于本能地适应自然。人类个性的丰富性由社会、文化和历史而更突出，所谓"性相近，习相远"，"差之毫厘，谬以千里"，从而"新感性"的建构便成为极为丰富复杂的社会性与个体性的交融、矛盾和统一。

原始积淀

本书不是艺术社会学或艺术史哲学，不准备具体讨论艺术起源诸问题。但对艺术起源和艺术本性的一个有关问题——"究竟艺术在先还是美感在先？"却必须有哲学的回答。

这是个长久争讼未决的问题，有人从洞穴壁画证明艺术在先，有人从石器纹饰等，认为美感（审美）在先。

本书采取后一立场，虽然不以器物纹饰（提篮纹、编织纹）立论。关于这问题曾有过一些误解。拙著《美的历程》第一章中，引用了一些图片，说明几何纹线是由鱼、鸟、蛙等具体的动物形象演变而来的，是由写实变成抽象线条的。我现在还坚持这个观点。但由此有人认为我主张所有的线条都是从具体的写实的东西变来的，这就不对了，我没有这个意思。恰恰相反，如前面讲美和美感时所认为，我认为最早的审美感受并不是什么对具体"艺术"作品的感受，而是对形式规律的把握、对自然秩序的感受。原始陶器的某些（不是一切）抽象纹饰确实是有它的原始巫术、宗教的内容的，是由具体写实的动物形象变化来的。但是，纹饰为什么以某种形式的线条构成或流转为主要旋律？为什么从具体的动物形象变成抽象线条的时候，是这样变，而不是那样变？为什么不乱变一气而遵循一定的秩序规则（如反复、重叠、对称、均衡等等）而成为美呢？这些美的秩序、规则从何而来呢？如讲美的根源时所强调指出，这是因为原始人类在生产活动中对自然秩序、形式规律已经有某种感受、熟悉和掌握的缘故。它所以在变化中要朝着某种方向，遵循某种规律，就因为原始积淀在起作用。

什么叫"原始积淀"？原始积淀，是一种最基本的积淀，主要是从生产活动过程中获得，也就是在创立美的过程中获得，即由于原始人在漫长的劳动过程、生产过程中，对自然的秩序、规律，如节奏、次序、韵律等等掌握、熟悉、运用，使外界的合规律性和主观的合目的性达到统一，从而才产生了最早的美的形式和审美感受。也就是说，通过劳动生产，人赋予物质世界以形式，尽管这形式（秩序、规律）本是外界拥有的，但却是通过人主动把握、"抽离"作用于物质对象，才具有本体的意义。虽然原始人群的集体不大，活动范围狭隘，但他（她）们之所以不同于动物的群体，正在于这种群体是在使用、制造工具的劳动生产过程中建立起来的"社会劳动"关系。只有在这种社会性的劳动生产中才能创建美的形式。而和这种客观的美的形式相对应的主观情感、感知，就是最早的美感。它们也是积淀的产物，即人类在原始的劳动生产中，逐渐对节奏、韵律、对称、均衡、间隔、重叠、单复、粗细、疏密、反复、交叉、错综、一致、变化、统一、升降等自然规律性和秩序性的掌握、熟悉和运用，它们与人的身心感受如紧张松弛、阻滞顺畅、蹩闭开放、局促舒适……便直接关联，在创立美的活动的同时，也使得人的感官和情感与外物产生了同构对应。动物也有同构对应，但人类的同构对应又由于主要是在长期地广泛制造—使用工具的实践活动中所获得和发展的，其性质、范围和内容便大不一样，在生物生理的基础上，具有了客观社会性。这种在直接的生产实践的活动基础上产生的同构对应，也就是"原始积淀"。

在最原始的生产中，从人类利用最简单的工具如石器、弓箭等等开始，在这种创造、使用工具的合规律性的活动中，逐渐形成了人对自然秩序的一种领悟、想象、理解、感受和感情。而当在改造客观世界中达到自己的目的，合规律性与合目的性在感性结构（劳动活动本身）中得到统一时，其中虽已包含着朦胧的理解、想象和意向，但它首先却表现为一种感知状态，表现为感觉、知觉，它可说是人类精神世界的史前史，这即是"原始积淀"。可见，在这种原始的积淀中，已在开始形成审美的心理结构，即人们在原始生产实践的主体能动活动中感到了自己的心意感知与外在自然（不是具体的自然对象，而是自然界的普遍形式规律）的合一，产生审美愉快。由此，应得出一个结论——审美先于艺术。

原始石器的非实用性的线条装饰，如同后世非常发达的装饰艺术，将美作为自由的形式再次主动呈现出来，具有自我建立的重大意义，陶冶性情，塑造人性。可见，装饰具有非常重要的意义而未可轻视。其他动物族类除性吸引本能的生理遗传外，就并无此"装饰"。也可见，最早的美感并不在艺术。

但是，后代以及现在的生产活动和原始时期已有很大的不同，那么后代以及现代人的审美是否还包含着"原始积淀"？我们现在对自然规律的掌握，已经远远超过几千年几万年以前的水平，不像以前那么简单了，我们的"艺术"与生产劳动的关系也已经不是那么简单直接了。但是，里面还有一些基本的东西，如艺术作品中的时空感、节奏感等等，便仍然有这个从社会生产实践和生活实践中吸取、集中和积累的"原始积淀"问题。

例如，人类在实践活动中所获得的时空感是与动物不同的。尽管动物也可以有某种定向反应之类的时空感觉，但这只是动物感官的生理反应，与人的时空感知或观念有本质的不同。人类的时空感或观念是实践的成果,是在历史性的社会关系制约下,由使用—制造工具而开创的主动改造环境的基本活动所要求、所规定而积淀形成的。它们超出了仅仅是感官反应的感觉性质,而成为某种客观社会性的原始积淀,并随历史而演变。例如,在远古,原始人的时空感如孩童般的混杂不清,"绵延"一片,随着社会的进步,才开始有了初步的区分形式,但人们的时空观也还经常与现实生活中的某些特殊事物、特定内容纠缠在一起,例如时间就是季节或节令,空间就是方位(东、西、南、北),还没有比较抽象的普遍的形式。农业社会、工业社会以及未来的信息社会,人们的时空感知各不相同,从而对艺术内容和形式,例如节奏感,便有很大影响。大家都熟悉,农业社会的艺术节奏与今天有很大不同。可见,不是动物性的个体感知,而是社会性的群体实践的间接反映,才是人类时空感知和其他感知的真正特性。它们构成了某种原始积淀,突出地呈现在艺术作品中。

为什么不同时代不同民族有不同的工艺品和建筑物?为什么古代的工艺造型、纹样是那样繁细复杂,而现代的却那么简洁明快?这难道与过去农业小生产和今天的工业化大生产、生活、工作的节奏没有关系?为什么当代电影的快节奏、意识流以及远阔的现实时空感和心理时空感,使你感到带劲?因为这种时空感和节奏感呈现了一个航天飞行的宇宙时代的来临,它有强烈的现时代感。这些便是属于艺术形式感知层中的原始积淀问题,即主要是呈现在艺术外形式中的时代、社会的感知积淀。所以,所谓"天人合一"远不仅是优雅、悠闲的"独坐幽篁里,弹琴复长啸""小桥流水人家"、气功、太极、山水画,而且也可以是迅速勇猛的"可上九天揽月,可下五洋捉鳖"、赛车、急漂等之中的速度感、时空感、力量感(参阅拙作《中国古代思想史论》)。

艺术家的天才就在于去创造、改变、发现那新的艺术形式层的感知世界。记得Goethe说过，艺术作品的内容人人都看得见，其含义则有心人得之，而形式却对大多数人是秘密。对艺术的革新，或杰出的艺术作品的出现，便不一定是在具体内容上的突破或革新，而完全可以是形式感知层的变化。这是真正审美的突破，同时也是艺术创造。因为这种创造和突破尽管看来是纯形式（质料和结构）的，但其中却仍然可以渗透社会性，而使之非常丰富充实。Rudolf Arnheim的理论强调的也是这一点，即指出用感知形式所表达的内容与心理情感产生同构而具有力量。在日常生活中，合十表示诚灵、躬腰代表礼敬、头颅上抬或下垂表现高傲或谦卑，不同语言和不同文化都可领会；艺术正在把这种"人同此心，心同此理"的结构形式发掘、创造、组织起来，使感知形式具有"意义"。可见艺术作品的感知形式层的存在、发展和变迁，正好是人的自然生理性能与社会历史性能直接在五官感知中的交融会合，它构成培育人性、塑造心灵的艺术本体世界的一个方面，尽管似乎还只是最外在的方面或层次。

照相之所以永远不能替代再现性绘画，原因之一便是人手画的线条、色彩、构图不等同于自然物，其中有人的技巧、力量、线条、笔触等纯形式因素，能给人以远非自然形式所能给予的东西。齐白石、Matisse的色彩便不是古典的"随类赋彩"，并也不是自然界的色彩，而是解放了的色彩的自由形式，是美的自由形式。它的装饰风格也具有深刻的意味。它直接显示人，显示人的力量，从而使构图、线条、色彩、虚实、比例……本身具有艺术的审美意义。

因之，艺术作品的形式层，在原始积淀的基础上，向两个方向伸延，一个方面是通过创作者和欣赏者的身心自然向整个大自然（宇宙）的节律的接近、吻合和同构，即前讲中讲到的所谓"人的自然化"，这不但表现为如中国的气功、养生术、太极拳之类，同时也呈现在艺术作品的形式层里,前面讲到的"气"以及所谓"骨""骨力"等等,都属此范围。它们并不是自然生理的生物性的呈现,而仍然是经过长期修养锻炼(从孟子的所谓"养气"到后世的所谓"骨气")的成果。艺术作品的形式层这个方面极力追求与宇宙节律的一致和同构,中国美学所强调的"道",以及"技进乎道""鬼斧神工""虽由人作,宛自天开"等等,都是说的这一方面。这一方面完全不是自然生理的动物性的表现或宣泄,而恰恰是需要通过长期的高度的人为努力才可能达到。虽自然,实人力,人通过自己的刻苦努力,才可能去"参天地,赞化育"。中国诗文书画的大量材料都在说明这一特点。

形式层另一方面的伸延则是它的时代性、社会性。这种时代性、社会性已不同于原始积淀,却是与原始积淀有或多或少联系的时代、社会所造成的形式变异。这种变异当然与社会心理有关。

例如,W. Worringer所揭示的现代艺术的抽象形式,与当代社会生活及社会心理密切攸关。R. Wellek曾谈论各种文体与社会心理的关联①。H. Wofflin从形式方面揭示了文艺复兴时代和巴洛克时代的造型艺术的不同风格特征,一种是稳定的、明晰的、造型的、理智的……一种是运动的、模糊的、如画的、感受的……前者处于心灵欢乐的时代,后者处于心灵隔绝的时代②。不同时代之所以有不同风格、不同感知的形式的艺术,由于不同时代的心理要求,这种心理要求又是跟那个时代的社会政治生活联系在一起的。在我国古代的文艺现象中,五言为何变七言,七言之后为何又有长短句(词)?诗境、词境、曲境的不同究竟在何处?为什么绘画中以青绿山水为

---

① 参看R. Wellek, *Literary Theories*.
② 参看H. Wofflin, *The Principles of History of Art*.

主演化为以水墨为主？为什么工笔之外，还要有泼墨？这种种看来似乎只是外感知形式的变化，实际有其内在的心理—社会的深刻原因值得深究。例如诗词都比较强调含蓄，曲却要求酣畅痛快。宋词之所以让位于元曲，是因为在元朝统治下知识分子的地位太低下，加上温柔敦厚的儒家教义的控制削弱，于是他们的满腹牢骚满腔悲愤便能无顾忌地痛快发泄，使曲境变而为畅达。总之，社会性通过艺术形式层诉诸感知，构造着某一时代社会的心理本体；同时反过来说，这一时代社会的心理情感本体也就凝冻地呈现在艺术作品的形式感知层中，又不断流传下来，不断影响着、决定着人们的心理和感知。这就构成了艺术形式层的传统。

E. H. Gombrich的美术史研究清晰地验证了造型艺术的形式层对视知觉的历史性的构造，不但一定的形式感知与一定的历史社会相密切联系，而且后代的艺术的形式感知也总是在前代基础上的继承和延续。不同时代、社会由于社会的、宗教—伦理的、政治的、商业的……不同原因，而产生艺术形式感知层的不同的节奏、韵律、比例、均衡等等，同时在这种变异、不同中却又有某种延续性、继承性、沿袭性。从而，一部艺术风格史便正好是一部人类的或民族的感知心理的历史。

这部历史包含了原始积淀的劳动基础方面，也包含了向自然伸延的宇宙同构的方面，还包含了社会具体生活以至意识形态（宗教、伦理、政治、文化……）的影响方面，这三个方面又是那样错综复杂地在交织组合，形成一幅幅极为壮观的审美图景，而所有这些，又仍然是美感两重性和四要素集团不同比例不同配置的构造成果，它们不断地建构着这个艺术主体亦即人类心理—情感本体的物态化的客观存在。它们正是人类的心理—情感的现实的伟大见证。艺术风格史的哲学美学的意义，就在这里。

审美形态

美感可以有多种不同形态的分类，如分为优美感、滑稽感、崇高感等等，这是依据不同对象（优美、滑稽、崇高）而做的分类。它有某种描述厘定各种不同美感的经验意义。但这种区划是难以穷尽的，如前所述，美感由各种细致精确的不同结构组成，其中微小的差异即有感受的重要不同，例如在所谓优美感、滑稽感、崇高感中便又可以分划出更多的类别来，这当然是值得心理学的美学去继续区划、描述和研究的课题。

本书既从自然人化、积淀和文化心理结构立论，本讲既然重视的是情感本体，即新感性的建立，那么着眼点便不在这种区划和分类，而在注意于审美过程和结构的完成，即人的审美能力（审美趣味、观念、理想）的拥有和实现。这即是人的感知心意和内在精神的塑造建立，它表现为审美能力（趣味、观念、理想）的形态学。这才是本讲对审美形态的区划原则，即将审美分为"悦耳悦目""悦心悦意""悦志悦神"三个方面，这三个方面是人（人类和个体）的审美能力的形态展现。

悦耳悦目 这里指的是人的耳目感到快乐。这种看来非常单纯的感官愉快，前面已反复说过，也已是包含着想象、理解、情感等多种功能的动力综合，只是没有自觉意识到罢了。但也如前面所说，其中与感知相关的耳目器官的生理现象不容忽视。关键在于，这种生理性能和自然规律如何与社会性的性能相交织结构，以社会性的方式实现出来，并在此实现中使自然生理的耳目性能获得了丰富、发展，成为积淀的人性、人化的自然、人类所独有的心理本体，使人的感性存在也不同于动物。

人不同于机器"人"，因为人是一种自然生理的感性存在；人不同于动物，因为人是一种理性的存在；但更重要的是，人的感性本身已不同于动物，也不同于机器，整个哲学美学当前所要论述的，便是这样一个"教育学"或"美育"的问题。前面讲感官的人化，也就要落实到这种悦耳悦目的美感形态中来。

具体来看看。例如为什么科学定理、数学公式可以一直不变或少变，而人们却有千变万化的时装？这首先就与作为生理感官有关系。人的感官是容易疲劳的。再好吃的东西，假如你天天吃它，很快就不想吃了。再美的东西，你天天看它、听它，也就不一定感到美了，在北京住的人，如果天天去北海，便会感到没多大意思。可过一段时间再去，又感到有意思了。缺少变迁会使感官迟钝，没精打采，感官的东西与理性的东西不一样，人与机器不一样，它需要休息和变异，它要求新鲜活泼的刺激，才获有继续生存、活动的生命力。新的刺激使感知得到延长，甚至紧张，从而使知觉专注于对象，不至于因"习以为常"而"视而不见"，这样也才能不断地得到满足。现代流行音乐的时刚时柔，流派众多，此起彼伏，并不停步，亦以此故。正因为艺术和审美需要变异，一些美学家曾认为"美在新奇"，主张艺术家要善于发现，选择新的角度、途径、方法、形式，去创造新艺术风格。一部艺术史实际便是风格史。所谓风格史，也即是耳目感受的流动变迁史。不仅造型艺术，文学亦然，文学以形象表象联系着耳目感知。克罗齐说过语言本来就有美学因素（诸如车跑、风叫等等），可是讲熟了，成为机械性的自动反应，便失去了这因素了。日常语言常常把丰富的生活经验和感受僵化、固定化和割裂化，语言愈发达，抽象语汇愈多，这一点愈突出。少数民族的语言中的形象性、比喻性的东西就比较多，我们听了很新鲜，觉得富有诗意，但他们习惯这样讲，就并不一定会有同样的感觉了。在文学中，新词丽句，怪字僻语，独特比喻，便易于唤起新鲜的感知、想象和情感。所以形式主义文学理论，主张写诗要选择与日常语言不符合的、破坏日常规范化的语法、词汇和句子，使人产生"陌生感"才会受欢迎，从美感角度看，也可说正是抓住了人的感官需要变异，以及由之而引起的想象、理解和情感需要变异这个审美特点的。

审美经验中的感知变异又有两种，一种是和缓式，感知颇易适应。如服装，今天领子大一点，明天领子小一点；裙子一时长一些，一时短一些。稍微变动一点，看着很新鲜，这样经常变动，就受人们欢迎。有人曾研究服装史，发展尽管不断出现和流行时髦的服饰，但总起来看，这种变化原来是在绕圆圈，即变来变去又变回来了（当然又非完全的回归）。有时是大圆圈，有时是小圆圈。心理学中有所谓"差异原理"，不是太熟悉又不是太不熟悉的变异，能唤起知觉的新鲜刺激而感到愉快。上世纪赫尔巴特（J.F. Herbart）的形式主义美学也证实了与旧经验又联系又差异的新经验，最易产生审美愉快。

另一种则是突变性的，急剧式的。如原来是直的，突然来个圆的；原来是规规矩矩的，突然来个离奇古怪的；猛然一看一听，觉得很别扭，感到不舒服，但慢慢地又觉得这种变革有强烈刺激的满足感，从而极感兴趣；或者觉得有点什么意思在里头，从而感到兴趣。服饰上，前几年就有这种情况。从中山装突然一下到牛仔裤、花衬衫，引起了一些中老年人的反对，但获得了青年的极大欢迎而终于取得了胜利。在文艺史上，这种情况便更多了。当浪漫派、印象派和抽象派出现时，都如此。每当一些作家艺术家跨步大一些的时候，都要遭到反对。如浪漫派作家雨果（Hugo）的作品，一开始人们反对得一塌糊涂。瓦格纳（R. Wagner）的歌剧刚上演时，观众说他是疯子，全剧场的人都反对，有的跳着骂。印象派的画展一出来也受到剧烈攻击；埃菲尔铁塔建成时被看作"极丑"，现在却成了巴黎的象征。总之，开始时总首先是在感知耳目上接受不了，太刺激、太刺眼、看不惯、听不懂，……但终于被接受了下来，并日益获得欢迎。这种"看不惯"有时与理性并没直接关系，就是感性接受不了。但就在感性接受或不接受中，又有其深刻的理性原因。文艺史上以突破旧有感性，使习惯了旧有规范的感性把握不住从而造成痛苦、刺激、难以理解等审美效果，更是常有现象。当然，也有一出现便受到普遍欢迎的事例和情况，这大都也是由于某种社会原因使心理早已期待，渴望着某种变化的结果。"文化大革命"之后，青年们对朦胧诗、牛仔裤的普遍欢迎，便是一例。这正如1949年革命胜利后，年轻妇女由穿旗袍、擦胭脂、抹口红，一变而为戴八角帽、穿军服，完全不化妆……人们却觉得很美，挺好看一样。所以，值得注意的是，这种急剧式的感知变换，经常与一定的社会性的理性内容联系在一起，与人们心理的革命期待联系在一起。因此，在感官疲劳需要变异这个生理基础上，实际实现的变异却又具有着或充满了社会的内涵和理性的含义。感知变异或"陌生化"，生理性只是一个必要条件。如何变，向哪个方向变，怎样"陌生化"，才能产生新的感受，却又并不是任意的。它除了受身心的自然生理因素的规范限定外，又仍然受着社会性的制约牵引。如前所说过的服装一样，五十年代的青年们喜欢《王贵与李香香》，流行激昂慷慨的歌曲，现在青年们却喜欢朦胧诗，喜欢那些变形的、"看不懂"的抽象艺术。又如五四时期的白话文，今日文艺中的意识流手法……这是不是只因为感知要求变异的生理原因呢？显然不是，它有更深刻的社会原因，它们都标志着某种社会时代的积淀特征，这种积淀渗透和呈现在耳目感性之中，而以审美形式的变异表现出来了。而无论是和缓性的变异，还是急剧性的变异，对我们的眼睛和耳朵都是一种培养、锻炼、陶冶和塑造。它具体地表明了，人的自然生理性能与社会历史性能直接在五官感知中的交融会合。人类正是这样使自己内在的自然日益地不断地丰富起来。各种各样、多种多样的悦耳悦目，无论是日常生活、艺术作品，也无论是绿水青山、花香鸟语、黄昏落日、长江大河、碧野田畴、春风杨柳……这种种似乎只是诉诸耳目生理的感官愉快，也仍然或多或少地包含着由欣赏者不同的时代生活背景、社会文化背景和经验、教养背景所带来的不同的愉快。总之，在生理性的基础上，由于社会性的渗入，在感知基础上，想象、理解、情感诸因素的渗入，我们的耳目感官日益拥有丰富的包容性，它们远不是那么狭窄了。我们可以欣赏古典的芭蕾、书法、戏曲，也可以喜欢现代的家具、服装、音乐和抽象艺术，我们的耳目感知不仅一方面从纯自然生理要求中解放出来，而且也从纯社会意志支配下解放出来，而成为自由的感官。即耳目不只是认知而是享受，这享受不只是生理快感，而是身心愉悦。耳目愉悦的范围、对象和内容在日益扩大，这具体标志着陶冶性情、塑造人性、建立新感性的不断前进。它是人类的心理——情感本体的成长见证。现代建筑在高科技基础上的装饰风，即后现代的各种异样结构形式，便是美在当代的自由的形式。

悦心悦意 从悦耳悦目的美感中，即可看出，审美愉快虽有自然生理的愉悦满足方面或内容，却已远远不止于它。通过耳目，愉悦走向内在心灵。而这就是悦心悦意。

1957年拙文《意境杂谈》中曾说，"看齐白石的画，感到的不仅是草木鱼虫，而能唤起那种清新放浪的春天般的生活的快慰和喜悦；听柴可夫斯基的音乐，感到的也不只是交响乐，而是听到那种如托尔斯泰所说的：'俄罗斯的眼泪和苦难'，那种动人心魄的生命的哀伤。也正因为这样，你才可能对着这些看来似无意义的草木鱼虫和音响，而低回流连不能去了。读一首诗、看一幅画、听一段交响乐，常常是通过有限的感知形象，不自觉地感受到某些更深远的东西，从有限的、偶然的、具体的诉诸感官视听的形象中，领悟到那日常生活的无限的、内在的内容，从而提高我们的心意境界。"① 悦心悦意是审美经验最常见、最大量、最普遍的形态，几乎全部的文学作品和绝大部分的艺术作品都呈现、服务和创造着这种审美形态。不像耳目愉悦受感官生理的制约局限，心意的范围和内容要宽广很多。它的所谓"精神性""社会性"显得更为突出，它的多样性、复杂性也更为明显，从而这一形态的千变万化，五彩缤纷，也就更加具有意义了。

前面讲感官的人化时，一再指出情欲的人化。在悦心悦意的审美形态中，便包含有这方面的内容。如同悦耳悦目使人的感官生理日益高级化、复杂化、丰富化一样，悦心悦意也同样使人的感性情欲日益高级化、复杂化、丰富化。这也即是"人化"的具体呈现。

悦心悦意包含着无意识的本能满足。其中，性本能是很重要的内容。Freud之所以强有力地风行近一个世纪，正在他牢牢把握住了这一无可否认的原始的强大的生理本能力量。人类的性本能由于受社会条件和道德、法律、舆论的制约，被压抑或排挤到意识的深

---

① 拙著《美学论集》，上海文艺出版社，1980，第324页。

层变为无意识，成为一种巨大的能量，暗中影响着人们的思想和行为。我们每个人都做梦，都有过在梦中得到直接间接满足这种被压抑的性欲望的经验。在审美经验中，无论是欣赏还是创作，这种不可言说的本能、冲动、愿望、情绪、意念亦即感性底层的无意识，通过一种心理的形式结构被表露和召唤出来，以一方面宣泄，另一方面节制。连写情书都可以使性爱升华，更何况审美创作和欣赏的悦心悦意？在悦心悦意中，人的本能情欲由于处在多种心理功能（例如理解、想象等）的结构组织中，而"人化"了。这样也就塑造了人的情欲和心灵。艺术品之所以不同于白日梦，它所具有的那种要求普遍必然地产生审美感受的"判断"性质，便正在于它是多种心理功能的协同结构，从而改建和塑造了原始本能、生理情欲，才获有这种"普遍必然性"，也即是客观社会性。[1]这也就是陶冶性情、形成人性。人类的新感性也就正是通由这种悦心悦意的审美形态而不断建立起来。

悦心悦意作为感性与理性、社会性与自然性相统一的成果，其内容、层次、等级、类型，范围是极为广泛的。除了性本能，还有其他一些情欲、行为、心境、理念的被压抑，而通过审美获得解放和宣泄。它们也构成悦心悦意的内容。

当然，也不只是压抑的解放、本能的宣泄，而且还有在此范围之外的心意的满足和愉悦。包括从乡愁到爱国、从感怀到咏史、从友情到议政，等等。但由于本书重点在讲自然的人化，就不拟泛谈这许多方面了。总之，悦心悦意是对人类的心思意向的某种培育。看罗丹、伦勃朗的造型艺术，听巴赫、贝多芬的音乐，就并不是只悦耳悦目，而是培育心意。读文学作品，这点当然更明显。

---

[1] 所谓"普遍必然性"实即"客观社会性"，详见《批判哲学的批判》第2章。

由于年龄、经历、修养、文化、性格、气质的不同，人们对悦心悦意的要求和需要也不尽相同。我少年时喜欢读词，再大一些喜欢读陶渊明的诗，这也说明心意的成长，太年轻是很难欣赏陶诗的。读外国小说时，记得开始喜欢屠格涅夫，但后来读陀思妥耶夫斯基的《卡拉玛佐夫兄弟们》，看完后两三天睡不好觉，激动得不得了，好像灵魂受到了一次洗涤似的，这也说明悦心悦意所"悦"的已有不同，实际上这种悦心悦意已进入悦志悦神的范围了。悦耳悦目、悦心悦意和悦志悦神三者虽然确有区别，却又不可截然划开，它们都助成着也标志着人性的成长、心灵的成熟。对人类如此，对个体也如此。今天能够观赏抽象艺术和所谓"丑"的作品，实际表明心灵的接受量、包容量的扩大，它不只是耳目感官的"进步"，毋宁更是心灵境界的提高，是人的审美能力（趣味、观念、理想）的扩展。只有人具有审美能力，具有不同于机器、不同于动物的各种悦耳悦目、悦心悦意和悦志悦神的审美趣味、审美观念和审美理想。

关于"悦心悦意"所涉及的情欲人化等问题，在下讲中还要再次谈到。这里先看看审美能力的最后一种形态。

悦志悦神 这大概是人类所具有的最高等级的审美能力了。悦耳悦目一般是在生理基础上但又超出生理的感官愉悦，它主要培育着人的感知。悦心悦意一般是在理解、想象诸功能配置下培育人的情感心意。悦志悦神却是在道德的基础上达到某种超道德的人生感性境界。

所谓"悦志"，是对某种合目的性的道德理念的追求和满足，是对人的意志、毅力、志气的陶冶和培育；所谓"悦神"则是投向本体存在的某种融合，是超道德而与无限相同一的精神感受。所谓"超道德"，并非否定道德，而是一种不受规律包括不受道德规则、更不用说不受自然规律的强制、束缚,却又符合规律(包括道德规则与自然规律)的自由感受。悦志悦神与崇高有关,[①]是一种崇高感。康德在分析美时,断定美与道德无关;在分析崇高时,却强调道德是崇高之基础,正是在这意义上,康德说"美是道德的象征"。[②]并指出,面对崇高对象,"……把感情提升到了顶端,那种感情的本身才是崇高——我们说它崇高,是因为心灵这时被激动起来,抛开感觉,而去体会更高的符合目的性的观念。"[③]黑格尔在《历史哲学》中则说,"大海给我们以无际与渺茫的无限观念,而在海的无限里感到他自己的无限时,人类就被激起了勇气要去超越那有限的一切。"高级的艺术作品,如前面提到的陀思妥耶夫斯基的小说、贝多芬的音乐以及如好些中外著名建筑、雕刻等等,都可以产生这种崇高态度。并且也表现在对大自然的观赏中,如康德所强调指出过的那样。暴风骤雨、狂涛巨浪、险峰峻岭、无垠沙漠……在具有一定文化教养的人们那里,都可以唤起悦志悦神的审美愉快。这种悦志悦神之审美感受既不同于观花养草、欣赏盆景、玩弄鸟兽之类的审美感受(那属于悦耳悦目、悦心悦意),也不是观赏任何壮观的书画所能替代。它不仅不只是耳目器官,而且也不只是心意情感的感受理解,而且还是整个生命和存在的全部投入。大自然之令人魂销骨蚀,即在于此。这种悦志悦神,似乎是参与着神的事业,即对宇宙规律性以合目的性的领悟感受。在西方,它经常与对上帝的依归感相联系,从而走向宗教。在中国,则呈现为与大自然相融会的"天人合一"的精神境界。共同点在于:人作为感性生命的存

---

① 参阅《美学论集·论崇高与滑稽》。
② 《判断力批判》,上卷。
③ 同上。

在，终归是要死亡的，个体的生命都在有限的时空之中，因此人追求超越这个有限，追求超越这个感性的个体存在，而期待、寻求那永恒的本体或本体的永恒。不同在于：在西方这个不朽的本体永恒是上帝，从而追求灵魂不死，超越感性时空，进入一个纯精神的永恒本体。在中国，则不追求这种超时空的精神本体，而寻求就在此时空中达到超越和不朽，即在感性生命和此刻存在中求得永恒，这也就是与宇宙（整体大自然）的"天人合一"。孔子讲"逝者如斯夫"，孟子讲"上下与天地同流"，庄子讲"勿听之于耳，而听之于心；勿听之于心，而听之于气。视乎冥冥，听乎无声，冥冥之中，独见晓焉"。《乐记》讲"大乐与天地同和"，等等，都有这种意思，都在指出只有当人与自然完全吻合一致，才能达到所谓"极乐""至乐"的审美境界和感受，也就在这时空中超越了时空。庄子又说，"至乐无乐"，达到了最高级的音乐也就没有什么音乐了，达到最大的快乐也就无所谓快乐了。达到这个最高的境界，就超脱了一切，什么都无所谓了。中国的这个最高境界不是宗教的，而是审美的，因为它始终不厌鄙、不抛弃感性，不否定、不抛弃内在的和外在的自然。它是在感性自身（包括对象的整体自然和主体的生命自然）中求得永恒，这种审美感当然就不是耳目心意的愉悦的审美感了。①

上面谈"悦耳悦目""悦心悦意"时，都强调了生理性与社会性、感性与理性的统一和积淀，那么，这一问题又如何呈现在悦志悦神的形态中的呢？作为崇高感受的悦志悦神，其特征在于，似乎是在对自然性生理性的强烈刺激、对立、冲突、斗争中，社会性、

---

① 参阅拙著《中国古代思想史论》，人民出版社，1985；《华夏美学》香港：三联书店，1988。

理性获得胜利，从而使感性得到了陶冶、塑造和构建。在西方，它表现为对自然生理的某种压抑、舍弃、否定甚至摧残，以透显其精神性所建的崇高，这种悦志悦神包含着苦痛、惨厉、残忍、非理性的强力冲突等因素或过程，它实际走向或接近洗涤心灵（净化）的宗教体验，从希伯来的《圣经》、亚里士多德的《诗学》到陀思妥耶夫斯基以及尼采，都以不同方式呈现出这种特征。在中国，由于乐感文化和实用理性的渗透主宰，作为崇高感受的悦志悦神主要表现为一种生命力量的正面昂奋，即所谓"天行健"的阳刚气势，表现为一种"与天地参"的人的自然化；通过艰苦的自我修炼，人与宇宙规律合为一体，从道家气功到佛学坐禅中所达到的种种经验，以及宋明理学所宣讲的"孔颜乐处"的人生境界，都实际指的是这种不离感性又超感性的悦志悦神的审美形态。①

在走向一个交往日益频繁密切的世界文化的交会中，中国传统如何吸取西方宗教和艺术中那种痛苦悲厉的深刻感受，来补充和加深加强自己的生命力量，便是在培育塑造悦志悦神的审美能力所应特别重视的现代课题。其中，特别需要强调的是，中国传统的"天人合一"将不再是古典式的和谐宁静，而将是一个充满了冲突、苦难、斗争的过程，"天人合一"不再只是目的，而且也是过程。在这里，目的与过程（手段）是同一的，无论是"自然的人化"还是"人的自然化"，都包含着这种悲痛苦涩、艰辛的过程，但它不是宗教式为上天堂而苦痛，而是真实的感性的苦痛和艰辛。

最后要专门提及的，是在这"悦耳悦目""悦心悦意""悦志悦神"的形态中的人体肢体活动问题。在最早的美的创造和审美创造

---

① 参阅拙著《中国古代思想史论》，人民出版社，1985；《华夏美学》，香港：三联书店，1988。

与欣赏中,亦即在原始的生产劳动和原始的歌舞礼仪中,本是以肢体活动为主的形式创造。在今天的幼儿和儿童的审美教育中,肢体动作的活动也仍然是和应当是一种基本的和基础的训练。因其中包括有对自由的形式的复现、领悟和感受。如何在高度机械化的世界,重新振兴对人类的肢体活动的培育训练,包括今日的气功、太极拳,便不只是涉及人的身体健康或延年益寿的问题,而且其中也包含有人的自然化和自觉塑造心理—情感本体的美学问题,这与美感的三形态也是密切相关的。这问题只能另处再谈了。

人性与审美形而上学

"人性"是中外古今用得极多而极为模糊混乱的概念。它有时指人的动物性或人的感性欲求,如指责禁欲主义"扼杀人性";有时又指人的社会性或人的理性特征,如指责纵欲主义"行同禽兽"。如以前拙文所认为,人性不是神性(因人有维系动物性生存的生理需要),也不是动物性(因人有控制、主宰生理需要的力量或能力)。人性是这两方面的各种交织融合。"人性"概念之所以模糊含混,就因为这两方面的"交织融合"非常繁复,难以厘清。

拙文《情本体、两种道德和"立命"》所提的"人性能力",主要就人之所以不同于动物的道德心理而言。我所讲的"人性能力"除了"理性凝聚"这一人的道德心理、意志力量即"自由意志"之外,还有"理性内构"(原作"理性内化",今改此词)即人所拥有而区别于动物的理性认识能力,如逻辑、数学、辩证观念(见《批判哲学的批判》和《实用理性与乐感文化》)和以"理性融化"(以前用"狭义的积淀",今改此词)为特征的审美能力。所有这些能力都只是一种心理的结构形式。形式不能离开"质料"(Aristotle)或"内容"(Hegel),质料或内容则由社会时代所提供而不断发展变易,"形式"也正是在这不断变易发展的长久历史中所积淀而形成和发展,并非先有此形式或"人性"乃上帝神明所赐予。这是历史本体论不同于一切先验论、形式论之所在。

已多次说明,在认识(理性内构)和道德(理性凝聚)中,理性的控制、主宰占据上风。动物性生理素质、需求因素常被压而不张。与它们有很大不同,作为"理性融化",审美中的理性不居主宰地位,从而人的动物性和人的个体性在审美中便远为鲜明和突出。理性与感性的关系、结构和状态,在审美中也远为复杂和多样。这使审美在整个人性形成和发展中具有了独特的开放性和可能性。本来,个体因先天禀赋和后天教养不同,即使由同一理性主宰(内构和凝聚),人性能力(认识能力和道德能力)便各有不同。面对同一生死祸福的选择、决定,面对同一事物的认识、理解,人们经常很不相同。这里有善恶智愚之分,但这一区分也仍然是通由理性规范和理性标准来确认的。

审美能力却不然。由于并非理性主宰感性,而是理性融化在感性中,它失去了可能遵循的理性规范。尽管审美与生理快感仍然不同,审美快乐不同于吃饱穿暖等动物性生存需求得到满足的生理快乐,但仍与纯理性的快乐(包括追求知识、科学发现的知性愉快和履行义务、实现道德的精神满足)不同。审美一方面与人的感性生存的基本力量如性、无意识、暴力(Nietzsche所谓"毁灭的快乐",某些宗教徒的"受虐快乐")等等相关联,人类基因和脑科学的研究将使未来对人性的这种动物性方面获得更多的了解甚至改进。另方面,它又可以是某种超感性生存的心理境界或状态,包括神恩天启、天人合一的神秘经验等等,它们也将为未来科学所研究或解密。

审美作为这种人性能力的特征,如前所述,Kant早已指出,却不断被人误解。例如当代美学对Kant无功利说的排斥和反对。

就广义说,作为生理族类,人的几乎任何活动和心理,一般都是有关、有助、有益、有利于人的生存需要，从而是"功利"的，它甚至可以包括人的无意识、做梦等等。当然审美于此也不例外。但就狭义说，人的活动和心理却可以有两种超功利超因果的样式。一是超出个体（一己小我）功利，如道德伦理的行为和心理。这种超一己功利的活动和心理，仍由理性主宰决定，仍有概念、目的和某种大功利（如为了上帝或为了民族、国家、群体的利益而献身）。

另一种是包括这些大功利、概念、目的也没有的活动和心理，这就是审美。Kant的审美"非功利"所描述的便是这种心理特征，它与"无概念""无目的"连在一起，不可分割。它构成了人所特有的Common Sense（共通感），即一种特有的人性能力和人性情感。这可以是人性的某种最高成果。

之所以说它可以是人性最高成果，不但是由于它超越了一般的个体功利，而且也超越了舍己为人（或为上帝）的道德目的，而是一种"非目的的合目的性"。这个所谓的"非目的的合目的性"指向的正是人的全面成长，即人的各项内在功能的开拓和实现，它蕴涵了我所谓的"以美启真""以美储善"和"以美立命"。

所谓"以美启真"，即在审美双螺旋结构中由自由想象的审美感受可以导致科技认识的发现和发明。所谓"以美储善"，是由审美感受导致情本体和物自体的信仰与追求，人由是于生死可以无所住心无所烦畏而"立命"。所有这些，在《论实用理性与乐感文化》等文中均有论述。该文提出美学作为"第一哲学"，就是因为审美既是人性能力的最初萌芽，却又可以是不断发展成长的最高成果，它是人性中最为基本而又最为开放的部分。它之所以开放，正是由于非确定概念所能规范、非理性目的所能主宰，而是充满了各项心理要素相交织、渗透、融合、冲突，以不确定性、无规范性为特征，从而开辟了多样可能的缘故。

总之，我着意讨论的人性能力、人性情感等问题，是一种形式结构，我以为脑科学将来可以做出根本性的解答。例如"理性凝聚"，其生理基础可能即是大脑中枢神经的认识—思维区域对情感—意志区域某种特殊通道的建立。这通道是经由实践（人类）和教育（个体）的长期过程才形成。这就是我所谓的文化心理结构或积淀形式或人性能力和人性情感。"理性内构"和"理性融化"同此。其中，作为"理性融化"的审美，我以为，其神经通道最基本，又可以发展得最复杂最开放。这即是前科学形态的先验心理学即历史本体论的哲学视角。历史本体论和实践美学认为，它们都出于人类文化，而非来自上帝神明，并认为这种心理结构形式的建立对人之所以为人十分关键，从而它应为教育学提供深刻的理论依据。这是新人性论的核心课题。

《美学四讲》等拙作曾认为，审美（或美感）本与艺术无干，它出现在人类使用—制造工具的操作—劳动过程中，即生存个体在实现目的的活动中与某些自然规律的重合时所产生的身心快慰感受或情感。它之所以区别于动物的同类快感，在于使用—制造工具的操作活动所拥有更多种类的心理功能在这里得到了确认。其中，要特别提到的是想象功能和理解功能，由于它们与动物本能性的情欲和感知觉产生了更为复杂的组合、交织、渗透，便逐渐形成了变化多端似乎难以穷尽的心理结构，即我所谓的"审美双螺旋"。虽然这只是哲学假说，所谓情欲、感（知）觉、想象、理解四要素（见拙作《美学四讲》），也只是非常粗糙疏略的心理集团的称谓，其中还有更为繁复细密因素的关系和结构，这将是今后百年生理学—心理学等实证科学研究的问题。

作为所谓审美对象化的艺术，从古至今，并不只有审美作用，它更主要是社会功利的。有时明显一些，有时隐晦一些而已。今日被认为仅供观赏的"艺术",如礼仪性的古代舞蹈、建筑、雕刻、绘画等等,在当时都具有非常明确的功利目的。它们作为精神的信仰、寄托,费时费工地人为制作出来,我曾称之为"物态化生产",即精神生产,与供人们现实生存的"物质生产"相映对。只是随着时间流逝,这种物态化生产品的功利内容和目的性质日益失去或褪色,变成了所谓的"艺术"或"艺术作品",即成为仅为调动"美感双螺旋"的审美对象。由于在这种专为精神心理需要(信仰、寄托、鼓舞、慰安等等)的符号性的物态化生产中,美感四要素集团交织渗透的组配得到了比在使用—制造工具的物质生产活动中远为自由、充分的开拓和发展,即这种组配有更强烈的情欲冲动、更刺激的感知、更自由的想象和更复杂的理解,使这种符号性即物态化的精神生产,标志着人类心理的质的飞跃。它作为"美感双螺旋"的独立对象化的艺术"形式",使人类最终告别动物界。它最先是远古人类的舞蹈仪式活动以及随后的洞穴壁画、陶器纹饰、大小雕刻、庙堂建筑等等。

从字源学看,也如此。"艺术"(Art)一词,无论中西均源于技术。艺术本技术,指的是物质生产活动中的技术操作所达到人的内在目的性与外在规律性的高度一致。艺术是技术熟练的一种界定。有如庄子讲的"庖丁解牛"的著名故事,即"技进乎道",亦即合目的与合规律、天道与人道纯然一体。

技术有多种多样,从下层工匠到上层贵族均可拥有。中国古代有"六艺"(礼、乐、射、御、书、数)。这些技艺由于合目的与合规律的一致,都包含有审美的因素,但由于其中的"美感双螺旋"一般都局促在专业活动的狭隘限制中,只有在上述巫术礼仪突破了物质实用要求,这些技艺才逐渐从非常实用的日常生活具体要求的局限中分离出来。所以,不是物质生产作品,如劳动工具、一般衣着或一般房屋,而是专门为精神需要的物态化生产、具有高度技艺的人工作品,更成为审美对象即"艺术作品"。

艺术的本源既离不开物质生产的技术和精神生产的符号,审美依附着这两层生产也不断发展。从历史看,作为专供审美观赏的fine art,是在宫廷、贵族、士大夫庇护下成长起来,并且是比较晚近的事情。脱离"敦人伦,助教化"功利目的的中国文人画是宋元以来才有,西方摆脱信仰要求的艺术作品则更晚一些。所以,"艺术"一词是开放的,不能有统一的定义。从美学说,能提供审美经验的人工作品即艺术。在这里,审美经验仍然是核心。什么是审美经验,就是前述的"四要素集团"的心理活动。

简而言之,艺术与审美并不同源,却有关联,即艺术的物质形式方面(身体的动作与状态、物质的材料、色彩与结构等等)均由集中、提炼、发展物质生产的技艺而来,它们与内容(精神需要)的结合,成了后世的所谓"艺术"。艺术使审美双螺旋(即"四要素集团"的交互作用)得到了真正的独立和不断的发展。艺术是有用之用,审美是无用之用。从而从审美心理来界定和探究"艺术"和"艺术作品"与从其他视角(如社会学、艺术史等视角)来探究、界定或定义,便有不同的标准和不同的理论。世界每时每刻都在产生亿万件人工制品,如何区分艺术与非艺术、好艺术(作品)与坏艺术(作品),从审美心理角度来看,就将以它们能否和如何调动双螺旋或四要素集团的状况和境地来区分和决定。

以上这些,旧作《美学四讲》等均已讲过,这里再重复一次而已。

现在面临的是Marcel Duchamp的现代或后现代艺术问题。我曾说,当Duchamp把便壶放在展览厅(《泉》),便宣告了艺术的终结。艺术终结与历史终结同步,即一个不需要自巫术礼仪以来鼓舞或影响群体的"艺术"的散文时代开始,所有艺术都成为装饰和娱乐。自巫术礼仪以来的艺术中本就有装饰、娱乐的方面或因素,现代使它们独立而自由发展开来,产生了再一次的形式解放。艺术消亡,审美却泛化普及。《美学四讲》曾强调"社会美"即现代工业产品、城市建筑到各种日常用具、衣饰,到人们的身体活动、生活节奏、工作方式,都在一定程度、一定意义上或渗入或追求或走向审美。中国古代"乐与政通",强调从音乐即人的内心审美视角来测量和构建人际的和人与自然的秩序与和谐,正是实践美学提出"社会美"的中国传统资源:"乐"和审美不只是"艺术",而是整个感性世界的秩序和和谐。美学在这里是"第一哲学"。它甚至可以包含政治哲学在内。

Duchamp的重大意义正在于,他以他的"艺术作品"抹平了艺术与生活的界线(《泉》),推翻了传统艺术的神圣、崇高或优美(有胡子的蒙娜丽莎),也否认了生活有确定的秩序(有钩子的地板)。他提示的是艺术和生活的荒诞性和虚无性。他明确说过他本意就是在出美学的洋相,是在"打击美学"("discourage Aesthetics",见Duchamp1962年写给Han Richter的信)。他很清楚,他的作品不再是审美对象。艺术与非艺术、好("艺术")作品与坏作品的区分不再存在,艺术于是终结。

Duchamp本已宣告艺术终结,但Duchamp之后,模仿蜂起,各种"概念艺术""行为艺术""装置艺术"大行其道。非审美对象的"艺术"在商业炒作中获得了极大发展,成了精英主流。是否艺术?好坏如何?并无标准。A. Danto的Artworld理论和G. Dickie的Institutional Theory也应运而生。一切都组配在资本操作之中,加快运行,相互支撑,喧嚣热闹,成了发达社会的高级装饰。

从重视审美心理的实践美学看,因为摄影技术所带来的巨大冲击,西方造型艺术(特别是绘画和室内雕塑)由印象派、后印象派走入彻底解构图像的Picasso的立体主义和以后的抽象表现主义、J. Pollock等等,乃势所必至。它们与从Duchamp到概念艺术、行为艺术等等相反相成地共同体现了上述的"艺术终结":由自我表现的抗议、颓废和脱离现实的"纯粹艺术",变成了抹平自我、大众享受和现实消费的商品生产。其中一些作品由于仍能调动或引起审美双螺旋的活动(例如,即使突出理解刺激但还不只是概念认识,或突出感知刺激但还不只是生理快感或不快感),即在创作和接受心理中仍有其他因素的"自由游戏"而成为审美对象,而为实践美学可以认同的艺术作品。

一般说来,实践美学更为重视的,并不是当今博物馆的这些收藏品,而是现代日常生活的审美化。如上所说,装饰和娱乐本来在原始艺术中便存在(参阅《美学四讲》论"原始积淀"),但一直从属在群体社会需要的"内容"之中。如今在历史终结后,它们"脱魅"解放,独立发展,成为今天人们日常生活的重要成分。这个历史性的重要事实,使实践美学更为认同Dewey的美学理论。

John Dewey也抹平生活与艺术的界线,但与Duchamp的方向正相反,Dewey把日常生活中的"完满"经验而不是任一经验作为艺术,即非常重视人们日常生活经验的完满性,这与实践美学直接相通,这才是实践美学所重视的"艺术终结"的要点所在。因为在这里,人人都可以是艺术家,人人都可以在自己的日常生活中去获得由实现审美双螺旋适当运作的完满经验,去创造它的新组配和新结构,从而人人都可以去创造艺术和欣赏艺术。"旧时王谢堂前燕,飞入寻常百姓家"。任何人的这种成功作品都有权利进入展览厅、博物馆,供他人观赏。所谓"成功",仍然是它能启动审美双螺旋,使人获得非概念认知、非伦理教导、非生理快感(或不快感)的某种满足或享受,即审美愉悦。尽管双螺旋中任何因素均可在现代条件下极度夸张或独立，从而与概念认知、伦理教导、生理快（不快）感可以有更为直接密切的偏重或关联，但不管如何"极度"，也一般不应成为概念认识（文学变成理论，唱歌变成读报），或成为令人烦躁不安、生理厌恶或痛苦的装饰和娱乐。Foucault对性、对死亡的"极度"体验毕竟没有普遍的审美意义。

当代艺术的主流就是装饰和表演，每个人其实都可以是艺术家，就看你表演得如何。表演实际也是装饰，装饰社会和装饰人生，它们由商业炒作成为时尚的娱乐。在今日铺天盖地而来的"当代艺术"湍急浪潮中，如何顾惜和发展审美和艺术的伟大历史成果，珍视它们对丰富人性的重要作用，是实践美学所关注的课题。实践美学不轻易接受由商业运作和少数精英所判定的"艺术"，怀疑那些根本缺乏标准而为金钱操控的混乱。实践美学将固守以美感经验为核心和论证"审美境界"为本体来展开自己的叙说，而与其他美学理论区分开来。

由于审美与感性总与动物性情欲相连，声（music）色（sex）快乐便成为今日大众文化审美感受的时尚。但与此相关又相对抗，寻找"纯"精神境界的"超越"，又使审美不止于娱乐、装饰的快乐，而强烈指向某种超生物性的生存状态或人生境界的追求。但它依然不"纯"，仍然不可能像中世纪苦行僧那样，追求脱离此动物性肉体生存。并且恰恰相反，它只能是在此动物性肉体存在基础上追求超脱。这就是我所讲的"人自然化"中身体—心理的修炼与自然—宇宙的节奏韵律相合拍一致以导致的"天人合一"等神秘经验。这也是我所讲的"情本体"的某种落实。

"情"即是"爱"。有如基督教义所言，有肉欲之爱（Eros），有心灵之爱（Agape）。在以情欲论为核心的"儒学四期"的历史本体论这里，由于无另一个世界的设定，使这两种爱本身及其交织和区划更为复杂和多样。

人总想要活下去，这是动物的强大的本能（人有五大动物性本能：活下去、食、睡、性、社交）。但人总要死，这是人所独有的自我意识。由于前者，就有人的维持生存、延续的各种活动和心理。由于后者，就有各种各样、五光十色、自迷迷人的信仰、希冀、归依、从属。人"活下去"并不容易，人生艰难，又一无依凭，于是"烦"生"畏"死出焉。"生烦死畏，追求超越，此为宗教。生烦死畏，不如无生，此是佛家。生烦死畏，却顺事安宁，深情感慨，此乃儒学"。①

因为人生不易，又并无意义，确乎不如无生。但既已生出，很难自杀，即使觉悟"四大皆空""色即是空"，悟"空"之后又仍得活。怎么办？这是从庄生梦蝶到慧能和马祖"担水砍柴，莫非妙道""日日是好日"，到宋明理学"以其情顺万物而无情""廓然大公，物来顺应"等等所寻觅得到的中国传统的人生之道。这里没有灵肉二分的超验归依，而只有在这个世界中的审美超越。这涉及"在时间中"和"时间性"。

"在时间中"是占有空间的客观时间，是社会客观性的年月、时日，生死也正因为拥有这个占据空间的年月、时日的身体。

"时间性"是"时间是此在在存在的如何"（Heidegger）的主观时间。所谓"不朽"（永恒），也正是这个不占据空间的主观时间的精神家园。似乎只有体验到一切均"无"（无意义、无因果、无功利）而又生存，生存才把握了时间性。Heidegger所"烦""畏"的正是由于占有空间的"在时间中"，所以提出"先行到死亡之中去"。

---

① 拙作《论语今读·4.8记》。

其实，按照上述中国传统，坐忘、心斋、入定、禅悟之后，因仍然活着，从而执著于"空""无"，执著于"先行到死亡中去"，亦属虚妄。Heidegger所批评的"就存在者而思存在""把存在存在者化"，倒是中国特色，即永远不脱离"人活着"这一基本枢纽或根本。中国传统的"重生安死"，正是"就存在者而思存在"，而不同于Heidegger"舍存在者而言存在"之"奋生忧死"。本来无论中西，"有"（中国则是"易"、流变、生成）先于"无"，"有"更本源。"无"是人创造出来的，即因自己的"无"生发出他者（事物、认识）之"无"，从而"有"即"无"。于是，只有"无之无化"，才能"无"中生"有"。只有知"烦""畏"亦空无，才有栖居的诗意。这也才是"日日是好日"，才是"万籁虽参差，适我无非新"。

中国传统既哀人生之虚无，又体人生之苦辛，两者交织，形成了人生悲剧感的"空而有"。它以审美方式到达没有上帝耶稣、没有神灵庇护的"天地境界"。存在者以这种境界来与存在会面，生活得苍凉、感伤而强韧。鲁迅《过客》步履蹒跚地走在荆棘满途毫无尽头也无希望的道路上，"知其不可而为之"，明知虚无却奋勇前行不已。生命的意义、人生的价值就在此行程（流变）自身。这里不是Being，而是becoming；不是语言，而是行走（动作、活动、实践）；不是"太初有言"，而是"天何言哉"，成了中国文化传统的"道"（Way or Dao）。这就是流变生成中的种种情况和情感，这就是"情本体"自身。它并无僵硬固定的本体（Noumenon），它不是上帝、魂灵，不是理、气、心、性的道德形而上学或宇宙形而上学。

Augustine说："现在是没有丝毫长度的。"（《忏悔录》）Heidegger说："此在的有限性乃历史性的遮蔽依据。""昨日花开今日残"是"在时间中"的历史叙述，"今日残花昨日开"是"时间性的历史感伤。感伤的是对"在时间中"的人生省视,这便是对有限人生的审美超越。

"逝者如斯夫,不舍昼夜"。(《论语》)孔老夫子这巨大的感伤便是对这有限人生的审美超越,是"时间性"的巨大"情本体"。这"本体"给人以更大的生存力量。

所以,"情本体"的基本范畴是"珍惜"。今日,声色快乐的情欲和精神上无所归依,使在"在时间中"的有限生存的个体偶然和独特分外突出,它已成为现代人生的主题常态。在商业化使一切同质化,人在各式各样的同质化快乐和各式各样的同质化迷茫、孤独、隔绝、寂寞和焦虑之中,如何去把握住自己独有的非同质的时间性,便不可能只是冲向未来,也不可能只是享乐当下,而该是"珍惜"那"在时间中"的人物、境迁、事件、偶在,使之成为"时间性"的此在。如何通过这个有限人生亦即自己感性生存的偶然、渺小中去抓住无限和真实,"珍惜"便成为必要和充分条件。"情本体"之所以不去追求同质化的心、性、理、气,只确认此生偶在中的林林总总,也就是"珍惜"之故:珍惜此短暂偶在的生命、事件和与此相关的一切,这才有诗意的栖居或栖居的诗意。任何个体都只是"在时间中"的旅途过客而已,只有在"珍惜"的情本体中才可寻觅到那"时间性"的永恒或不朽。

从男女双修到十字架上的真理,从汉挽歌、《古诗十九首》到"居家自有天伦乐",从唐诗对生活的眷恋到宋诗对人生的了悟,从苏轼到《红楼梦》,从今日的你、我、他(她)到过去、现在、未来,在时间性的珍惜中才有"一室千灯,交相辉映"的奇妙和辉煌。并无某个超验的存在,而有千千万万的时间性的情本体。人生虚无,有此则"无"中生"有"。

可见,此"有"并非纯灵、理式、精神,而仍然是与这个血肉身躯有所关联的心灵境界。并非舍弃这个血肉的"不完满"去追求纯粹精神的完满,"完满"就在这不完满中。那离此肉身的"完满",作为自欺欺人的幻相,也许可以短暂感受,却既不可能持久常住,也不真是"留此灵魂,去彼躯壳"(康有为、谭嗣同)。蔡元培之所以提倡"审美代宗教",就在于审美既不排除寻觅这种宗教精神的"完满"经验,又清醒意识这种"父母未生我时的本来面目"仍然不过是肉体身心与无意识的宇宙节律相通相连的某种心灵状态而已。它仍然是生发在感性血肉躯体上的人生境界,它即是审美的心境超越。

从而,作为人类学本体论所能确认的敬畏对象,就不是纯灵性或纯精神性的上帝神明,而是与人一样虽非血肉却同为物质的宇宙总体。宇宙作为总体,其存在及其"规律"不可知,这也就是超出人类学的"物自体",这就是那神秘之所在。它完全不是dead matter(一堆死的物质),"天何言哉,四时行焉,百物生焉"(《论语》),"天地有大美而不言,四时有明法而不议,万物有成理而不说"(《庄子》),这难道不可敬畏、寻觅和归依吗?一百五十亿年前的大爆炸作为宇宙起源,难道不比《圣经》创世纪更令人震惊、敬畏(E. O. Wilson:《论人性》)?有如基督徒之于上帝,Heidegger之于Being,对中国人来说,"崇拜成为一种专属一己个人的真诚的审美经验(Aesthetic experience)。事实上,它非常相似于面对太阳从远山树林中落下去的那种经验。对人来说,宗教乃意识的最终实在,有类于诗。"(林语堂《生活的艺术》)这也就是历史本体论所讲的"人自然化"的本体境地:既执著人间,又回归天地,由"以美启真""以美储善"到"以美立命"。

人觉醒,接受自己偶然有限性的生存("坤以俟命"),并由此奋力生存,不怨天,不尤人,下学而上达("乾以立命")。人意易疲，诸宗教主以信仰人格神立教，让众生归依皈从。但在后现代之今日，神鞭打的宗教魔方已难奏效，"人是什么"和"人是目的"终将落实在"美感双螺旋"充分开展的人性创造中，落实在时间性的情本体中，落实在此审美形而上学的探索追寻中。

（本辑摘自《美学四讲》1989、《实践美学短记二》2006）

第四辑

中国传统美学的述说

孔门仁学

孔子自称"述而不作"(《论语·述而》)。

这一半是准确的,孔子一生的志向、活动和功业,全在维护和恢复周礼,也就是"礼乐传统"。在传闻中,孔子是古代典籍、礼仪和传统文化的保存者、传播者和审定者。他"删诗书","定礼乐",授门徒,游列国,尽管做官未成,却在社会上特别在知识阶层中影响极大。无论是反对者或赞成者,无论是以后的墨、道、法……各家,总都要提到他。即使在他最倒霉的时候,无论在当时或后世,孔子作为教育家的身份或事实也从未被动摇和怀疑过。困于陈、蔡,也还有弟子(学生)追随;"批林批孔",也还承认孔是教育家。而所谓"教育",不就正是将传统的礼乐文化作为自觉的意识,传授给年轻一代嘛?孔子称周公,道尧舜,"入太庙、每事问"(《论语·八佾》),"学而不厌,诲人不倦"(《论语·述而》)……只要打开《论语》一书,孔子这种继往开来、作为礼乐传统的传授守护者的形象便相当清楚。

但这只是一半,更重要的另一半是:孔子对这种传统的承继、保存和传授,是建立在他为礼乐所找到的自我意识的新解释的基础之上的。这个自我意识或解释基础,便是"仁"。这才是孔子的主要贡献。

《论语》一书记载孔子讲"仁"达百余次,每次讲法都不尽相同。以至有研究者倾向于认为,孔子的"仁"本身就是审美的,即它具有非概念所能确定的多义性、活泼性和不可穷尽性[①],暗示孔子的人生最高境界是审美。然而,就"仁"本身说,它毕竟又还是可以分析的。在《孔子再评价》中,我曾将"仁"分为四个方面或层次,其中,氏族血缘是孔子仁学的现实社会渊源,孝悌是这种渊源的直接表现:"孝悌也者,其为仁之本与?"(《论语·学而》)"君子笃于亲,则民兴于仁。"(《论语·泰伯》)而"孝"的可能性和必要性却在于心理情感,"子曰:予之不仁也!子生三年,然后免于父母之怀……予也有三年之爱于其父母乎"(《论语·阳货》)。不诉诸神而诉于人,不诉诸外在规约而诉之于内在情感,即把"仁"的最后根基归结为以亲子之爱为核心的人类学心理情感,这是一项虽朴素却重要的发现。因为,从根本上说,它是对根基于动物(亲子)而又区别于动物(孝)的人性的自觉。它是把这种人性情感本身当作最后的实在和人道的本性。这正是孔子仁学以及整个儒家的人道主义和人性论的始源基地。孔子说:"今之孝者,是谓能养。至于犬马,皆能有养;不敬,何以别乎。"(《论语·为政》)

关于"至于犬马,皆能有养",有好几种解释。一种解释为:犬马也能养父母,因之,人养父母应不同于犬马的"养"父母。另种解释为:人可以饲养犬马,因之,养父母应不同于养犬马。又有解释为:犬马也能养活人,因之,人养父母应不同于犬马的"养",等等。总之,不管哪种解释,孔子这里强调所谓"敬",指的正是表现为一定的礼节仪容的心意状态。它作为孝—仁的内在原则,在孔子看来,便是由"礼乐"所塑造培育出来以区别于犬马或区别于对待

---

① 参看张亨《〈论语〉论诗》,载《文学评论》第6集,1980年5月。

犬马的人的情感或人性、人道。虽然它必须以亲子这种自然生物性的血缘事实为基础,但重要的是这种自然生物关系经由"礼乐"而人性化了,所以才不同于犬马。"敬"本是"礼乐"仪式过程即巫史传统所必然和必需培育的某种恭谨畏惧的心理状态和感情,周初有"敬德""敬天"等等重要提法,它们本是由"礼乐"即"神圣的仪式"中所产生的。但到孔子这里,却把它当作比"神圣的仪式"本身还更为重要的东西了。孔子使这种内在心理情感和状态取得了首要位置,认为它才是本体的人性,即人道的自觉意识。孔子指出,即使神圣的"礼乐"传统,如果没有这种人性的自觉,那它们也只是一堆毫无价值的外壳、死物和枷锁。孔子一再说"人而不仁如礼何?人而不仁如乐何?"(《论语·八佾》)"礼云礼云,玉帛云乎哉?乐云乐云,钟鼓云乎哉?"(《论语·阳货》)"礼,与其奢也,宁俭;丧,与其易也,宁戚"(《论语·八佾》),等等。这些都是说,如果没有"仁"的内在情感,再清越热喧的钟鼓,再温润绚丽的玉帛,是并无价值的;内在情感的真实和诚恳更胜于外在仪容的讲求。从而,这里重要的是,不仅把一种自然生物的亲子关系予以社会化,而且还要求把体现这种社会化关系的具体制度("礼乐")予以内在的情感化、心理化,并把它当作人的最后实在和最高本体。关键就在这里。

就"礼""乐"二者说,"乐"比"礼"与这种情感心理关系(仁)要更为直接和更为密切。有如《乐记》所说:"仁近乎乐,义近乎礼。""乐"既然可以直接从陶冶、塑造人的内在情感来维护人伦政教,孔子所追求的"爱人"(《论语·颜渊》)、"泛爱众"(《论语·学而》)、"老者安之,朋友信之,少者怀之"(《论语·公冶长》)等等仁学的诸要求、理想,也就应该由"乐"(艺术)来承担一部分:

> 子之武城，闻弦歌之声。夫子莞尔而笑，曰："割鸡焉用牛刀？"子游对曰："昔者偃也闻诸夫子曰，君子学道则爱人，小人学道则易使也。"子曰："二三子，偃之言是也。前言戏之耳。"（《论语·阳货》）

可见"弦歌之声"是与"道"——首先是"治道"（政治）联系在一起的。这也可以印证《乐记》所说的："乐者，乐也。君子乐得其道，小人乐得其欲，以道制欲，则乐而不乱；以欲忘道，则惑而不乐。是故君子反情以和其志，广乐以成其教。""乐"是用来教化百姓民众的。

不过，那个以"礼乐"治天下的远古时代毕竟已经过去了，想用"乐"来感化百姓，安邦定国，在春秋时代已经是不切实际的幻想，更不用说杀伐争夺日益剧烈化的后世了。孔子的仁学理论作为"治国平天下"的政治方略，并没有也不可能实现。它深深地影响和利用于后世的，倒是这种人性自觉的思想，这种要求人们建立起区别于动物的情感心理的哲学。并且，由于把这种自觉与安邦治国、拯救社会紧密联系了起来，这种人性自觉便具有了超越的宗教使命感和形上的历史责任感。即是说，这种"为仁由己"（《论语·颜渊》）的"爱人"精神（"仁"），这种人性自觉意识和情感心理本身，具有了一种生命动力的深刻性。因之，并非"个性解放"之类的情感，而毋宁是人际关怀的共同感情（人道），成了历代儒家士大夫知识分子生活存在的严肃动力。从而，对人际的诚恳关怀，对大众的深厚同情，对苦难的严重感受，构成了中国文艺史上许多巨匠们的创作特色。如世公认，这方面杜甫大概是表现得最为突出和典型了。

……父老四五人，问我久远行。手中各有携，倾榼浊复清。苦辞酒味薄，黍地无人耕。兵革既未息，儿童尽东征。请为父老歌，艰难愧深情。歌罢仰天叹，四座泪纵横。(《羌村》)

……长戟乌休飞，哀笳曙幽咽。田家最恐惧，麦倒桑枝折。沙苑临清渭，泉香草丰洁。渡河不用船，千骑常撇烈。胡尘逾太行，杂种抵京室。花门既须留，原野转萧瑟。(《留花门》)

……安得广厦千万间，大庇天下寒士俱欢颜，风雨不动安如山。呜呼！何时眼前突兀见此屋，吾庐独破受冻死亦足。(《茅屋为秋风所破歌》)

杜甫是引不胜引的，总是那样的情感深沉，那样的人道诚实。他完全执著于人间，关注于现实，不求个体解脱，不寻来世恩宠，而是把个体的心理沉浸融埋在苦难的人际关怀的情感交流中，沉浸在人对人的同情抚慰中，彼此"相濡以沫"，认为这就是至高无上的人生真谛和创作使命。这不正是上起建安风骨下至许多优秀诗篇中所贯穿着的华夏美学中的人道精神嘛？这精神不正是由孔学儒门将远古礼乐传统内在化为人性自觉、变为心理积淀的产物嘛？

……出门无所见，白骨蔽平原。路有饥妇人，抱子弃草间。愿闻号泣声，挥涕独不还。未知身死处，何能两相完。驱马弃之去，不忍听此言。南登霸陵岸，回首望长安。悟彼泉下人，喟然伤心肝。(王粲《七哀诗》)

贫家有子贫亦娇，骨肉恩重那能抛？饥寒生死不相保，割肠卖儿为奴曹。此时一别何时见？遍抚儿身舐儿面。"有命丰年来赎儿，无命九泉抱长怨。"嘱儿"切莫忧爹娘，忧思成病谁汝将"。抱头顿足哭声绝，悲风飒飒天茫茫。（谢榛《四溟诗话》引《卖子叹》）

题材基本相同，一弃儿，一卖儿。前诗异常著名，后诗则异常不著名。前诗年代早（东汉），后诗相当晚（明代）。但二者贯穿着同一精神，非常感人。作者们本身并不是卖儿、弃子的主人翁，但描绘得如此诚恳忠实，"未知身死处，何能两相完"，"此时一别何时见？遍抚儿身舐儿面"……写的都是父母别子，但为人子者，读此不都会培育起深厚的亲子之情嘛？这不正是孔子讲的"予也有三年之爱于其父母乎"的情感自省嘛？谁都有父母，谁都有子女，都会因从诗里感染到那真挚的感情而悲哀、而触动。这不是概念的认识，而是情感的陶冶。这种陶冶在于把以亲子之爱为基础的人际情感塑造、扩充为"民吾同胞"的人性本体，再沉积到无意识中，成为华夏文化所不断展现的原型主题。

既然集中把情感引向现实人际的方向，便不是人与神的联系，不是人与环境或自然的斗争，而是亲子、君臣、夫妇、兄弟、朋友、亲族、同胞……这种种人际关怀，以及由这种种关怀所带来的种种人生遭遇和生活层面，如各种生离死别（"送别"便是华夏诗篇中的突出主题）、感新怀旧、婚丧吊贺、国难家灾、历史变故……被经常地、大量地、细腻地、反复地咏叹着、描述着、品味着。人的各种社会性情感在这里被交流、被加深、被扩大、被延续。华夏文化之所以富有人情味的特色，美学和文艺所起的这种作用不容忽视。由孔子奠基的以心理情感为根本的儒学传统，也充分地呈现在文艺—美学的领域中了。

也正因为如此，情感的人际化引向种种仁爱为怀、温情脉脉的世间留恋，各种自然放纵的情欲、性格、行为、动作，各种贪婪、残忍、凶暴、险毒的心思、情绪、观念，各种野蛮、狡狠、欺诈、淫荡、邪恶，那种种在希腊神话和史诗中虽英雄天神们也具有的恶劣品质和情操，在中国古典诗文艺术中大体都被排斥在外。甚至Goethe在评论已经开始描写这些丑恶情景的中国小说时还说："在他们那里，一切都比我们这里更明朗，更纯洁，也更合乎道德。在他们那里，一切都是可以理解的，平易近人的，没有强烈的情欲和飞腾动荡的诗兴……正是这种在一切方面保持严格的节制，使得中国维持到几千年之久，而且还会长存下去。"①

孔子讲"兴于诗，立于礼，成于乐"。"成于乐"是在"兴于诗""立于礼"之后，更多直接讲内在心理的自由塑造，有关乎人格的实现。正如"游于艺"高于"志道""据德""依仁"，"成于乐"也是高于"兴于诗""立于礼"的人格完成。

"成于乐"是什么意思？孔子自己曾经做过说明。"子路问成人。子曰：'若臧武仲之智，公绰之不欲，卞庄子之勇，冉求之艺，文之以礼乐，亦可以为成人矣。'"（《论语·宪问》）孔安国注说："文，成也。"就是说，君子的修身如果不学习礼乐，便不可能成为一个完全的人，可见，"成于乐"，就是要通过"乐"的陶冶来造就一个完全的人。因为"乐"正是直接地感染、熏陶、塑造人的情性心灵的。"乐所以成性"②，"乐以治性，故能成性，成性亦修身也"③。

---

① Eckermann辑录：《歌德谈话录》，朱光潜译，人民文学出版社，1988，第112页。
② 孔安国：《论语孔氏训解》"成于乐"注。
③ 刘宝楠：《论语正义》"成于乐"注。

前面引述过的子游的故事也说明这一点。子游的故事是从群体"治道"来说，这里则是从个体的人格塑造来说。"成于乐"之所以在"兴于诗"（学诗包括有关古典文献、伦理、历史、政治、言语以及各种知识的掌握，和由连类引譬而感发志意）、"立于礼"（对礼仪规范的自觉训练和熟悉）之后，是由于如果"诗"主要给人以语言智慧的启迪感发（"兴"），"礼"给人以外在规范的培育训练（"立"），那么，"乐"便是给人以内在心灵的完成。前者是有关智力结构（理性的内化）和意志结构（理性的凝聚）的构建，后者则是审美结构（理性的积淀）的呈现。不论是智慧、语言、"诗"（智慧通常经过语言而传留和继承），或者是道德、行为、"礼"（道德通常经过行为模式、典范而表达和承继），都还不是人格的最终完成或人生的最高实现。因为它们还有某种外在理性的标准或痕迹。最高（或最后）的人性成熟，只能在审美结构中。因为审美既纯是感性的，却积淀着理性的历史。它是自然的，却积淀着社会的成果。它是生理性的感情和官能，却渗透了人类的智慧和道德。它不是所谓纯粹的超越，而是超越语言、智慧、德行、礼仪的最高的存在物，这存在物却又仍然是人的感性。它是自由的感性和感性的自由，这就是从个体完成角度来说的人性本体。

相对于"游于艺"因掌握外在客观规律而获得自由的愉快感，"成于乐"所达到的自由的愉快感，是直接地与内在心灵（情、欲）规律有关。孔子描述自己所达到的人生最高地步的"从心所欲不逾矩"，不即是心灵成熟的最后标志吗？即：个体自然性的情、感、欲完全社会规范化了，故"不逾矩"；然而又并非强迫，仍然是"从心所欲"。孔子说："知之者不如好之者，好之者不如乐之者。"（《论语·雍也》）也是这个意思，它可相当于诗—礼—乐。

可见，"礼乐传统"中的"乐者，乐也"，在孔子这里获得了全人格塑造的自觉意识的含义。它不只在使人快乐，使人的情、感、欲符合社会的规范、要求而得到宣泄和满足，而且还使这快乐本身成为人生的最高理想和人格的最终实现。与其他许多宗教教主或哲人不同，孔子以世俗生活中的情感快乐为存在的本体和人生的极致。孔学的人格理想是"圣贤"，这"圣贤"不是英雄，不是希腊神话、荷马史诗里的赫赫神明和勇猛武士。这"圣贤"也不是教主，不是那具有无边法力能普度众生的超人、上帝。儒家的"圣贤"是人间的，与凡人有着同样的七情六欲、饮食男女，同样有着自然性、动物性的一面。他之所以为"贤"，是由于道德。他之所以为"圣"，则由于不但有道德，而且还超道德，达到了与宇宙本体相同一。这种"圣"在外在功绩上，能"博施于民而能济众"（《论语·雍也》）；在内在人格上，大概就是孔子的"从心所欲不逾矩"的自由境界了。

这种实现自由的人生境界是充满了快乐的：

学而时习之，不亦说乎？有朋自远方来，不亦乐乎？（《论语·学而》）

饭疏食饮水，曲肱而枕之，乐亦在其中矣。不义而富且贵，于我如浮云。（《论语·述而》）

叶公问孔子于子路，子路不对。子曰："女奚不曰：'其为人也，发愤忘食，乐以忘忧，不知老之将至云尔。'"（同上）

当然还有那著名的"浴于沂，风乎舞雩"的故事。总之，孔子讲的这种快乐，既是"学而时习之"，又是"有朋自远方来"；既是对外在世界的实践性的自由把握，又是对人道、人性和人格完成的关怀。它既是人的自然性的心理情感，同时又已远离了动物官能的快感，而成为心灵的实现和人生的自由，其中积淀、溶化了人的智慧和德行，成为在智慧和道德基础上的超智慧、超道德的心理本体。达到它，便可以蔑视富贵，可以甘于贫贱，可以不畏强暴，可以自由做人。这是人生，也是审美。而这，也就是"仁"的最高层次。如果说以前所说是从外在的人伦关系和人际关怀来发掘人性的自觉，那么这里所说便是从内在的人格培养和人性完成来同样指向那心理本体。总之，把本来是维系氏族社会的图腾歌舞、巫术礼仪（"礼乐"）转化为自觉人性和心理本体的建设，这是儒家创始人孔子的哲学——美学最深刻和最重要的特点。

Hegel嘲笑孔子思想不算哲学，因为没有对形上本体的反思和对世俗有限的超越。

今道友信教授则解说孔子"成于乐"是对时空的超越，而达到"在"（Being）。（今道友信：《东方的美学》）

其实，均不然。孔子有对形上的反思和对超越的追求，但它没有采取概念思辨的抽象方式，而出之以诗意的审美。孔子所追求的超越，也并不是对感性世界和时空的超越，而恰恰就在此感性时空之中。它不是"在"（Being），而毋宁是"生成"（Becoming）。

"成于乐"作为个体人格的完成，密切关乎生死和不朽，此亦即时间问题。

时间是哲学中的永恒之谜。什么是时间？它意味着什么？离开了人，有时间吗？……Parmenides提出不动的"一"（Oneness），追求无时间的崇拜。Zeno of Elea的著名悖论则展示时间之不可能。Kant把时间当作人的内感觉（Inner Sense）。Hegel说长久的山不如瞬开的玫瑰，时间属于有生命者。Henri Bergson、Martin Heidegger围绕着时间也谈了那么多。

在中国诗文中，也有那么多关于时间的浩叹："对酒当歌，人生几何"（曹操《短歌行》）；"木犹如此，人何以堪"（《世说新语·言语》）；"江畔何人初见月，江月何年初照人？人生代代无穷已，江月年年望相似。不知江月待何人，但见长江送流水……"（张若虚《春江花月夜》）人生无常的感叹弥漫在中国文学艺术史，一直到毛泽东诗词中的"人生易老天难老""萧瑟秋风今又是"。在中国人的意识里，时间首先是与人的生死存亡联系在一起的。事物在变迁，生命在流逝，人生极其有限，生命何其短促……那么，有没有可能或如何可能去超越它呢？去构造一个永恒不变的理念世界吗？去皈依上帝，相信灵魂永在吗？在神的恩宠和灵魂的不朽中去超越这个有限的人生、世界和时空吗？有这种超越、无限、先验的本体吗？

中国哲人对此是怀疑的。承续巫史传统的先秦儒家持守的是一种执著于现实人生的实用理性。它拒绝做抽象思辨，也没有狂热的信仰，它以直接服务于当时的政教伦常、调协人际关系和建构社会秩序为目标。孔子和儒家没有去追求超越时间的永恒，正如没有去追求脱去个性的理式（Idea）、高于血肉的上帝一样。孔门哲人把永恒和超越放在当下即得的时间中，也正如把上帝和理式融于有血有肉的个体感性中一样。那个"不动的一"的"存在"，对儒家来说是不可理解的；一切都在流变，"不变的一"（永恒的本体）就是这个流变着的现象世界本身。从而在这种哲学背景下，个体生死之谜便被融解在时间性的人际关系和人性情感之中。与现代存在主义将走向死亡作为生的自觉，将个体对死亡的把握作为对生的意识近似而又相反，这里是将死的意义建筑在生的价值之上，将死的个体自觉作为生的群体勉励。在儒家哲人看来，只有懂得生，才能懂得死，才能在死的自觉中感觉到存在。人之所以在走向死亡中痛切感受存在本身，正因为存在本身毕竟在于生的意义。而生的意义也就是过程,是历史性地生成,它是与群体相联系才获得的。所以这"生成"是历史人类学的,是与情感上的人际关怀联系在一起的。从而"死"在这里便不是空洞的神秘共性或生物的本能恐惧,而是个体对人类学本体生成的直接感受。它是个体的感受,所以不是一般性的抽象认识;它是人类学的某种历史感受,不是生物性的恐惧。从而,人对待死亡应该不同于动物的畏死,这不但因为人有道德,而且还因为他是超道德的。

孔子说"朝闻道,夕死可矣"(《论语·里仁》),"无求生以害仁,有杀身以成仁"(《论语·卫灵公》),又说,"未知生,焉知死","未能事人,焉能事鬼"(《论语·先进》),这讲的既是死的自觉,更是生的自觉。正因为"生"是有价值有意义的,对死亡就可以无所谓甚至不屑一顾。所以,尽管中国人有大量的人生感叹,有"死生亦大矣,岂不痛哉"(《兰亭集序》)的深重悲哀,但"存,吾顺事;殁,吾宁也"(张载):如果生有意义和价值,就让个体生命自然终结而无需恐惧哀伤,这便是儒家哲人所追求的生死理想。从而,如果要哀伤,那哀伤的就并非死而是短促的生——时间太快,对生的价值和意义占有和了解得太少。生的意义又既然只存在于人际关怀的现实群体中,那么,追求个体灵魂的不朽或对感性时空的超越或舍弃,以投入无限实体的神的怀抱,便是不必要和不可能的。是否存在这种无限实体也是大可怀疑的。能确定的似乎只是,既然人的个体感性存在是真实的生成而并非幻影,从而如何可以赋予个体所占有的短促的生存以密集的意义,如何在这稍纵即逝的短暂人生和感性现实本身中赢得永恒和不朽,这才是应该努力追求的存在课题。所以,一方面,是沉重地慨叹着人生无常、生命短促,另方面则是严肃的历史感和强烈的使命感。自孔子起,"知其不可而为之"(《论语·宪问》),"鸟兽不可与同群,吾非斯人之徒与而谁与"(《论语·微子》)的理想精神,"在陈绝粮""困于桓魋"的现实苦痛,都是在背负过去、指向未来的人事奋斗中去领悟、感受和发现存在和不朽。超越与不朽不在天堂,不在来世,不在那舍弃感性的无限实体,而即在此感性人世中。从而时间自意识便具有突出的意义,在这里,时间确乎是人的"内感觉",只是这内感觉不是认识论的(如Kant),而毋宁是美学的。因为这内感觉是一种本体性的情感的历史感受,即是说,时间在这里通过人的历史而具有积淀了的情感感受意义。这正是人的时间作为"内感觉"不同于任何公共的、客观的、空间化的时间所在。时间成了依依不舍、眷恋人生、执著现实的感性情感的纠缠物。时间情感化是华夏文艺和儒家美学的一个根本特征,它是将世界予以内在化的最高层次。这也来源于孔子。孔子说:

逝者如斯夫,不舍昼夜。(《论语·子罕》)

深沉的感喟,巨大的赞叹!这不是通由理知,不是通由天启,而是通由人的情感的渗透,表达了对生的执著,对存在的领悟和对生成的感受。在这里,时间不是主观理知的概念,也不是客观事物的性质,也不是认识的先验感性直观;时间在这里是情感性的,它的绵延或顿挫,它的存在或消亡,是与情感连在一起的。如果时间没有情感,那是机械的框架和恒等的苍白;如果情感没有时间,那是动物的本能和生命的虚无。只有期待(未来)、状态(现在)、记忆(过去)集于一身的情感的时间,才是活生生的人的生命。在中国艺术中,无论是"人生不满百,常怀千岁忧。昼短苦夜长,何不秉烛游"(《古诗十九首》),及时行乐,莫负年华也好;无论是"莫等闲白了少年头,空悲切"(传岳飞词《满江红》),济世救民、建功立业也好；无论是化空间为时间的中国建筑、绘画也好；或者是完全由心理的真实来支配和构造时空的中国戏曲也好，都通由时间的情感化而加重了生死感受和人生自觉的分量。它并没有解决、也不可能解决生死问题，它只是不断地通过情感而面对着它，品味着它。所以，"语到沧桑意便工"。这样，有关存在的哲学最终便不在思辨，不在信仰，不在神宠，而就在这人类化了的具有历史积淀成果的流动着的情感本身。这种情感本身成了推动人际生成的本体力量。孔子对逝水的深沉喟叹，代表着孔门仁学开启了以审美替代宗教，把超越建立在此岸人际和感性世界中的华夏哲学——美学的大道。

与现实生活、物质生产、概念语言不同，在情感中，过去、现在和未来可以完全融为整体，变而为独立的艺术存在。中国艺术是时间的艺术、情感的艺术。"乐"不用说了，诗文也常常是以情感化的时间或对时间中的情感的直接描写为特色。"线"则是时间在空间里的展开，你看那充满情感的时间之流，那纸、布、物体上的音乐和舞蹈，无论是绘画中、书法中、诗文中、雕塑中、园林中、建筑中，它总在那里回旋行动，不断进行。它组成节奏、韵律、人物、图景、故事、装饰、主题……它们流动着、变换着、或轻盈或沉重地走向前方。它自由而有规矩，奔放而有节制。它感性而又内在，表现出冲破有限的超越，但这超越却又仍在此情感化的时间之中。你能掌握这音乐—线—情感的运动吗？那就是华夏文艺的精神。这精神也就是"逝者如斯夫，不舍昼夜"那谜一样的情感中永恒的时间或情感中时间的永恒。正因为追求的是这种情感的永恒，从而像有限现实的写实、日光阴影的具体描绘、情景的逼真模拟等等，便成为次要的甚至可以舍弃的外在假象。具体的情景、人物，也必须是具有永恒的情感意义（如伦理力量）时才被描绘和表现。

Ilya Prigogine说，具有不可逆性质的时间在雕塑中既凝冻又流逝。由于具有不同的人生内容，时间并不同质。也正因为直接感受着这凝冻而又流逝着的时间，而不同质，各种有限的事物的肯定价值便被积淀在人的这种种感受里。这就使人的情感心理和人性本体变得丰富、复杂、多样和深刻。情感化的时间和不同质的时间中的情感，使心理成了超认识超道德的本体存在。可见，正是艺术，直接建造着这个本体，它使人的情欲、感觉和整个心灵，经过对时间的领悟，具有了这种哲理的本性。

"逍遥游"

如果说儒家着重在人的心理情性的陶冶塑造，着重在人化内在的自然，使"人情之所以不免"的自然性的生理欲求、感官需要取得社会性的培育和性能，从而它所达到的审美状态和审美成果经常是悦耳悦目、悦心悦意，大体限定或牵制在人际关系和道德领域中，那么以庄子为代表的道家特征却恰恰在于超越这一点。庄子说：

> 颜回曰："回益矣。"仲尼曰："何谓也？"曰："回忘仁义矣。"曰："可矣，犹未也。"他日，复见，曰："回益矣。"曰："何谓也？"曰："回忘礼乐矣。"曰："可矣，犹未也。"他日，复见，曰："回益矣。"曰："何谓也？"曰："回坐忘矣。"仲尼蹴然曰："何谓坐忘？"颜回曰："堕肢体，黜聪明，离形去知，同于大通，此谓坐忘。"仲尼曰："同则无好也，化则无常也。而果其贤乎！丘也请从而后也。"（《庄子·大宗师》）

连孔老夫子也愿"从而后"的"坐忘"，是庄子抬出来以超越儒家的"礼乐"（作用于肢体、感官）"仁义"（诉之于心知、意识）的更高的人生境界和人格理想。这个人格和境界的特点即在于，它鄙弃和超脱了耳目心意的快乐，"形如槁木，心如死灰"，超功利，超社会，超生死，亦即超脱人世一切内在外在的欲望、利害、心思、考虑，不受任何内在外在的好恶、是非、美丑以及形体、声色……的限制、束缚和规范。这样，也就使精神比如身体一样，能翱翔于人际界限之上，而与整个大自然合为一体。所以，如果说儒家讲的是"自然的人化"，那么庄子讲的便是"人的自然化"：前者讲人的自然性必须符合和渗透社会性才成为人；后者讲人必须舍弃其社会性，使其自然性不受污染，并扩而与宇宙同构才能是真正的人。庄子认为只有这种人才是自由的人、快乐的人，他完全失去了自己的有限存在，成为与自然、宇宙相同一的"至人""神人"和"圣人"。所以，儒家讲"天人同构""天人合一"，常常是用自然来比拟人事、迁就人事、服从人事；庄子的"天人合一"，则是要求彻底舍弃人事来与自然合一。儒家从人际关系中来确定个体的价值，庄子则从摆脱人际关系中来寻求个体的价值。这样的个体就能做"逍遥游"：

> 若夫乘天地之正，而御六气之辩，以游无穷者，彼且恶乎待哉！（《庄子·逍遥游》）
> 乘云气，骑日月，而游乎四海之外。死生无变于己，而况利害之端乎？（《庄子·齐物论》）
> 与造物者为人，而游乎天地之一气……忘其肝胆，遗其耳目；反覆终始，不知端倪；茫然彷徨乎尘垢之外，逍遥乎无为之业。（《庄子·大宗师》）

这种"逍遥游"是"无所待"，从而绝对自由。它"忘其肝胆，遗其耳目"，"死生无变于己，而况利害之端"，连生死、身心都已全部忘怀，又何况其他种种？正因为如此，它就能获得像大自然那样巨大的活力,"抟扶摇而上者九万里","背负青天而莫之夭阏者"(《庄子·逍遥游》)。这是一种莫可阻挡的自由和快乐。庄子用自由的飞翔和飞翔的自由来比喻精神的快乐和心灵的解释,是生动而深刻的。之所以生动,因为它以突出的具体形象展示了这种自由;之所以深刻,因为它以对自由飞翔所可能得到的高度的快乐感受,来作为这种精神自由的内容。这是在两千多年以前。就在今天,如果能不假借于飞机飞艇,而能"御风而行""游于无穷",那也该是多么愉快的事。只有在睡眠中,有时才有这种愉快的飞行之梦,据Freud,那与性欲的变相宣泄有关,它的确展示了生存的极大愉快。

当然,庄子讲的主要并非身体的飞行,而是由精神的超脱所得的快乐。这种"快乐"不是"有朋自远方来,不亦乐乎"(孔)的乐,不是"得天下英才而教育之"(孟)的乐。它已不是儒家那种属伦理又超伦理的乐,而是反伦理和超伦理的乐。不仅超伦理,而且是超出所有喜怒哀乐、好恶爱憎之上的"天乐"。所谓"天乐",也就是与"天"(自然)同一,与宇宙合规律性的和谐一致:

> 与天和者,谓之天乐。(《庄子·天道》)
> 知天乐者,其生也天行,其死也物化……无天怨,无人非……以虚静推于天地,通于万物,此之谓天乐。(《庄子·天道》)

与这种"天乐"相比,任何耳目心意的乐就不但低劣得无法比拟,而且还正是与这"天乐"相敌对而有害:

> 钟鼓之音,羽旄之容,乐之末也。(《庄子·天道》)
> 失性有五,一曰五色乱目,使目不明;二曰五声乱耳,

使耳不聪;三曰五臭熏鼻,困傻中颡;四曰五味浊口,使口厉爽;五曰趣舍滑心,使性飞扬。此五者,皆性之害也。(《庄子·天地》)

悲乐者,德之邪;喜怒者,道之过;好恶者,德之失。(《庄子·刻意》)

可见,这种"逍遥游"获得的"天乐",是以排除所有这些耳目心意的感受、情绪为前提的,从而它是以"忘"为特点的:忘怀得失,忘己忘物。庄子一再强调的,正是这个"忘"字:"相忘以生""不如相忘于江湖""吾丧我",以及蝴蝶庄周的著名故事[1]。只有完全忘掉自己的现实存在,忘掉一切耳目心意的感受计虑,才有可能与万物一体而遨游天地,获得"天乐"。所以,这种"天乐"并不是一般的感性快乐或理性愉悦,它实际上首先指的是一种对待人生的审美态度。

它之所以是审美态度,是因为它的特点在于:强调人们必须截断对现实的自觉意识,"忘先后之所接",而后才能与对象合为一体,获得愉快。庄子的所谓"心斋"可以做这种解释:

敢问心斋。仲尼曰:"一若志,无听之以耳而听之以心,无听之以心而听之以气。听止于耳,心止于符。气也者,虚而待物者也。唯道集虚。虚者,心斋也。"……虚室生白,吉祥止止。(《庄子·人间世》)

---

[1] "不知周之梦为胡(蝴)蝶与,胡(蝴)蝶之梦为周与"(《庄子·齐物论》)。

感官受制于见闻，心思被束于符号。只有摒弃它们，成为无为的虚空，而后才能感应天地，映照万物，达到与宇宙自然合一。这也就是上述的"天乐"。"天乐"在庄子眼里，也就是"至乐"，即最大的快乐。但"至乐无乐"，最大的快乐恰恰超越了一般的乐或不乐。它无所谓乐不乐，它已经完全失去了主观的目的、意志、感受、要求，而与自然的客观规律性并成一体。要做到这一点，就必须"虚""静""明"，即排除耳目心意，从而培育、发现、铸造实即积淀成一种与道同体（"唯道集虚"）的纯粹意识和知觉。这有点类似于Husserl的"纯粹意识"，但它不是认识论的。

庄子关于这种"虚""静""明"有大量论述。如：

　　静则明，明则虚，虚则无为而无不为也。（《庄子·庚桑楚》）
　　水静犹明，而况精神！圣人之心静乎！天地之鉴也，万物之镜也。（《庄子·天道》）

总之，不为一时之耳目心意所左右，截断意念，敞开观照，这样精神便自由了，心灵便充实了，人便可以逍遥游了，"天地与我并生，而万物与我为一"（《庄子·齐物论》）的最高境界也就达到了。

可见，比儒家《周易》所强调的同构吻合、天人感应又进了一步，庄子这里强调的是完全泯灭物、我、主、客，从而它已不止是同构问题（在这里主客体相吻合对应），而是"物化"问题（在这里主客体已不可分）。这种主客同一却只有在上述那种"纯粹意识"的创造直观中才能呈现。它既非心理因果，又非逻辑认识，也非宗教经验，只能属于审美领域。

> 庄子与惠子游于濠梁之上。庄子曰:"儵鱼出游从容,是鱼之乐也。"惠子曰:"子非鱼,安知鱼之乐?"庄子曰:"子非我,安知我不知鱼之乐?"惠子曰:"我非子,固不知子矣。子固非鱼也,子之不知鱼之乐,全矣。"庄子曰:"请循其本。子曰汝安知鱼乐云者,既已知吾知之而问我,我知之濠上也。"(《庄子·秋水》)

在这个著名的论辩中,惠子是逻辑的胜利者,庄子却是美学的胜利者。当庄子遵循着逻辑论辩时("子非我,安知我不知鱼之乐"),他被惠子打败了。但庄子立即回到根本的原始直观上:你是已经知道我知道鱼的快乐而故意问我的,我的这种知道是直接得之于濠上的直观;它并不是逻辑的,更不是逻辑议论、理知思辨的对象。本来,从逻辑上甚至从科学上,今天恐怕也很难证明何谓"鱼之乐"。"鱼之乐"这三个字究竟是什么意思,恐怕也并不很清楚。鱼的从容出游的运动形态由于与人的情感运动态度有同构照应关系,使人产生了"移情"现象,才觉得"鱼之乐"。其实,这并非"鱼之乐",而是"人之乐";"人之乐"通过"鱼之乐"而呈现,"人之乐"即存在于"鱼之乐"之中。所以它并不是一个认识论的逻辑问题,而是人的情感对象化和对象的情感化的问题。庄子把这个非逻辑方面突出来了。而且,突出的又并不止是这种心理情感的同构对应,庄子还总是把这种对应泯灭,使鱼与人、物与己、醒与梦、蝴蝶与庄周……完全失去界限。"……梦为鸟而厉乎天,梦为鱼而没于渊。不识今之言者,其觉者乎?其梦者乎?造适不及笑,献笑不及排,安排而去化,乃入于寥天一。"(《庄子·大宗师》)这种不知梦醒、物我、主客而与"道"同一("寥天一",即"道")的境地,便是最适意不过的了。它是最高的快乐,也即是真正的自由。

《庄子》的众多注释者们曾指出:

> 造适不及笑:形容内心达到最适意的境界。(李勉说)
> 林希逸说:意有所适,有时而不及笑者,言适之甚也。亦犹杜诗所谓"惊定乃拭泪"。乐轩先生亦曰,"及我能哭,惊已定矣"。此言惊也,造适言喜也。惊喜虽异,而不及之意同。
> 献笑不及排:形容内心适意自得而于自然中露出笑容。林希逸说:"此笑出于自然,何待安排。"[①]

这不是高级的审美快乐又是什么呢?它既非宗教的狂欢,又非世俗的快乐,正是一种忘物我、同天一、超利害、无思虑的所谓"至乐""天乐"。

上引对"造适不及笑"的注释,似乎主要是从心理角度去描述的审美事实。其实这里更重要的是,庄子强调这种审美事实的哲学意义:作为庄子的最高人格理想和生命境地的审美快乐,不止是一种心理的快乐事实,而更重要的是一种超越的本体态度。这种态度并不同于动物的浑浑噩噩、无知无识,尽管庄子强调它们在现象形态上的相同或相似。它既不是动物性的自然感性,又不是先验的产物或神的恩宠,而是在人的经验中又超经验的积淀本体和形上境界,是经由"心斋""坐忘"才能达到的纯粹意识和创造直观。它强调的是人与自然(天地万物)的同一,而并非舍弃自然(天地万物)。它追求在与宇宙、自然、天地万物同一中,即所谓"与道冥同"中,来求得超越,从而这种超越又仍然不脱离感性,尽管这已经是一种深刻的具有积淀本体的感性。有这个超越,便使人在任何

---

① 陈鼓应:《庄子今注今译》,中华书局,1983,第201页。

境遇都可以快乐，可以物我两忘，主客同体。有如另一位说庄者所说："与物玄同，则无不适矣。无不适则忘适矣。"①忘适之适，正是在感性中积淀了理性的本体，前面所讲的种种排除耳目心意，也正是为了此积淀的出现。

儒家美学强调"和"，主要在人和，与天地的同构也基本落实为人际的谐和。庄子美学也强调"和"，但这是"天和"。所谓"天和"，也就是上面讲的"与道冥同"。天地万物或大自然本身是不断成长衰亡的有生命的事物，人所达到的"天和"或"与道冥同""与物玄同"也如此，它同样是有生命的：

> 惠子谓庄子曰："人故无情乎？"庄子曰："然。"……惠子曰："既谓之人，恶得无情？"庄子曰："是非吾所谓情也。吾所谓无情者，言人之不以好恶内伤其身，常因自然而不益生也。"（《庄子·德充符》）

> 其心志，其容寂……凄然似秋，煖然似春，喜怒通四时，与物有宜而莫知其极。（《庄子·大宗师》）

不必人为地去强求益生，而自自然然地会生长得良好；不必人为地具有喜怒好恶等感情，而自自然然地如四时那样有喜怒煖凄的感情；即使在种种激烈诡异的论证争辩中，庄子始终没有舍弃生命和感性。相反，"与物为春"（《庄子·德充符》）、"万物复情"（《庄子·天地》），重视情感、肯定生命的人性（不是神性）追求，仍然是其基调。这与庄子一贯重视的"保身全生"的主张完全

---

① 刘凤苞：《南华雪心编》，见陈鼓应《庄子今注今译》，中华书局，1983，第207页。

一致。所以,庄子哲学是既肯定自然存在(人的感情身心的自然和外在世界的自然),又要求精神超越的审美哲学。庄子追求的是一种超越的感性,他将超越的存在寄存在自然感性中,所以说是本体的、积淀的感性。不假人为,不求规范,庄子就这样提出了在儒家阴阳刚柔、应对进退的同构感应之上的更高一级的"天人合一"即"与道冥同"。这种"天人合一"之所以可能,正在于它以这种积淀了理性超越的感性为前提、为条件。

人们经常重视和强调儒、道的差异和冲突,低估了二者在对立中的互补和交融。其实,庄子激烈地提出这种反束缚、超功利的审美的人生态度,早就潜藏在儒家学说之中。

《庄子》中多次称引颜回,内篇中还有借孔子名义来宣讲自己主张的地方。一些人认为庄子出于颜回,并非毫无道理。孔子本人就有那个"吾与点也"的著名故事:

> 子路、曾皙、冉有、公西华侍坐。子曰:"以吾一日长乎尔,毋吾以也。居则曰:'不吾知也!'如或知尔,则何以哉?"子路率尔而对曰:"千乘之国,摄乎大国之间,加之以师旅,因之以饥馑;由也为之,比及三年,可使有勇,且知方也。"夫子哂之。"求,尔何如?"对曰:"方六七十,如五六十,求也为之,比及三年,可使足民。如其礼乐,以俟君子。""赤,尔何如?"对曰:"非曰能之,愿学焉。宗庙之事,如会同,端章甫,愿为小相焉。""点,尔何如?"鼓瑟希,铿尔,舍瑟而作,对曰:"异乎三子者之撰。"子曰:"何伤乎?亦各言其志也。"曰:"莫(暮)春者,春服既成,冠者五六人,童子六七人,浴乎沂,风乎舞雩,咏而归。"夫子喟然叹曰:"吾与点也。"(《论语·先进》)

此外，孔子还有"用之则行，舍之则藏"（《论语·述而》），"道不行，乘桴浮于海"（《论语·公冶长》），"邦有道，危言危行；邦无道，危行言逊"（《论语·宪问》），"邦有道则智，邦无道则愚；其智可及也，其愚不可及也"（《论语·公冶长》）等等著名观念。《中庸》有"国无道，其默足以容"。《周易》也有"不事王侯，高尚其事"（《易·蛊卦》）。就是最重人为事功的儒门《荀子》中，也有这样的记载：

子路入。子曰："由，知者若何？仁者若何？"子路对曰："知者使人知己，仁者使人爱己。"子曰："可谓士矣。"子贡入，子曰："赐，知者若何？仁者若何？"子贡对曰："知者知人，仁者爱人。"子曰："可谓士君子矣。"颜渊入，子曰："回，知者若何？仁者若何？"颜渊对曰："知者自知，仁者自爱。"子曰："可谓明君子矣。"（《荀子·子道》）

与《论语》中"知之者，不如好之者；好之者，不如乐之者"三层次相当，这里是人爱、爱人、爱己三等级。最后一级的"自爱""自知"之所以高出前二者，显然不是因为它自私地爱自己，而是由于它着重在不事外求、不假人为、不立事功而自自然然地功效自显。所有这些，不都在精神上有与庄子相接通之处吗？

不同在于，对孔子和儒门来说，这种种"咏而归""自爱自知"，大概应该在"治国平天下"之后。所以，孔子并不否定子路、子贡、宰我、冉有的志趣理想；不仅不否定，还给予一定的积极评价，只是认为这些并不是人生的最高理想。从而，这个"最高"就在原则上并不排斥、拒绝前面那些较低的人生态度或生命层次。这个"最高"的人生理想或人生态度就既可以有历时性的顺序，如后世所谓"功成身退""五十致仕"之类，在人际功业、道德完成之后来追求或实现这种超脱；也可以是共时性的同步，即在劳碌奔波、救世济民之际，仍然保持一种超脱精神。并且，正因为有这种超功利超生死的所谓出世精神或态度，就使自己的救世济民活动可以获得更强大的精神支撑：因为有了这种与自然同一、与万物共朽的超世的心理支撑，也就不需要任何外在的旨意或命令，也不需要任何内在的狂热和激情，而是自自然然地"知其不可而为之"。他忧国忧民（对人际），而又旷达自若（对自己）。以不执著任何世俗去对待世俗，这也就是所谓"以天地胸怀来处理人间事务"，"以道家精神来从事儒家的业绩"的"天地境界"（冯友兰：《新原人》）。冯没指出这"天地境界"实际是一种对人生的审美境界。

但是，这大半是儒家的乌托邦，在实际中能达到这一境界的人极少。客观环境和历史情况常常难以允许这种可能存在。经常看到的，要么就是"杀身成仁，舍生取义"，牺牲个体以服务人际；要么就是"舍之则藏"，"既明且哲，以保其身"，从政治斗争中退避下来，不问世事，以山水自娱。在漫长的中国传统社会中，毕竟以后一种为最多。就是像王安石那样的积极有为、从事改革的儒家政治家，也曾多次要求辞职，并终于退隐，作半山老人，来抒写其欣赏自然风光的诗篇。特别在"道不行""邦无道"或家国衰亡、故土沦丧之际，常常使许多士大夫知识分子追随漆园高风，在庄、老道家中取得安身，在山水花鸟的大自然中获得抚慰，高举远慕，去实现那种所谓"与道冥同"的"天地境界"。这种人生态度和生命存在，应该说，便也不是一般感性的此际存在或混世的人生态度，而是具有形上超越和理性积淀的存在和态度。从而，"它可以替代宗教来作为心灵创伤、生活苦难的某种安息和抚慰。这也就是中国历代士大夫知识分子在巨大失败或不幸之后，并不真正毁灭自己或走进宗教,而更多是保全生命,坚持节操,隐逸遁世,而以山水自娱,洁身自好的道理"①。

尽管如此,从事实看,这些人却又常常并没有也未能彻底忘怀"君国""天下",并不真正背弃孔门儒学。韩愈说:"山林者,士之所独善自养,而不忧天下者之所能安也。如有忧天下之心,则不能矣。"②朱熹说:"隐者多是带气负性之人为之。陶(指陶潜)欲有为而不能者也。"(《朱子语类》卷一四〇)而"对于中国历代隐士做一番系统的研究以后,就可以发现隐士之中始终不变的仅占到很小的比数……他们总不免出山从政"③。以庄子为代表的道家哲学的主要影响是在士大夫知识阶层,这个阶层毕竟首先是儒家孔学的门徒,他们所遵循的"学而优则仕"(《论语·子张》)、"吾岂匏瓜也哉?焉能系而不食"(《论语·阳货》)的人生道路,和"心忧天下""济世安邦"的人生理想,都使得庄子道家的这一套始终只能处在一种补充、从属的地位,只能作为他们的精神慰安和清热解毒,不能成为独立的主体。即使在庄老风行、玄学高张的魏晋时代,尽管诗文、观念以及行为中充满了归隐、游仙、追求避世、旷达放任等等反礼法、弃儒学的突出现象,但不仅这风尚只持续了相当短暂的时期,而且这些名士们,从何晏、王弼、阮籍、嵇康一直到谢灵运,在现实生活中却正是当时激烈的政治斗争的卷入者和牺牲品。庄、老道家毕竟只是他们所找到的幻想的避难所和精神上的慰安处而已。他们生活、思想以至情感的主体,基本上仍然是儒家的传统。从实际看,情况便是这样。

---

① 拙作《中国古代思想史论》中《庄玄禅宗漫述》。
② 《韩昌黎全集·卷十六·后二十九日复上宰相书》。
③ 蒋星煜:《中国隐士与中国文化》,中华书局,1947,第22页。

从理论看，如前所述，庄子虽以笑儒家、嘲礼乐、反仁义、超功利始，却又仍然重感性，求和谐，主养生，肯定生命，所以它与孔门儒学倒恰好是由相反而相成的，即儒、道或孔、庄对感性生命的肯定态度是基本一致或相同相通的。所以，"比较起来，在根本气质上，庄子哲学与儒家的'人与天地参'的精神仍然接近，而离佛家、宗教以及现代存在主义反而更为遥远"[①]。也正因为儒、道有这个共同点，它们才可能对士大夫知识分子共同起着作用而相互渗透、补充。

本来，如果儒、道是截然两物，毫不相干，也就很难谈得上互补。渗透是互补的前提，又是互补的结果。这个结果却又显然是儒家占了上风。无论在现实生活中，还是在思想情感中，儒家孔孟始终是历代众多的知识分子的主体或主干。但由于有了庄、老道家的渗入和补充，这个以儒为主的思想情感便变得更为开阔、高远和深刻了。

---

① 拙作《中国古代思想史论》，第190页。

"值得活吗?"

Albert Camus说:"哲学的根本问题是自杀问题,决定是否值得活着是首要问题。世界究竟是否三维或思想究竟有九个还是十二个范畴等等,都是次要的。"① Hans—Georg Gadamer说:"人性特征在于人的构建思想超越其自身在世上生存的能力,即想到死,这就是为什么埋葬死者大概是人性形成的基本现象。"② 如果说Shakespeare在Hamlet中以"活还是不活,这就是问题"表现了欧洲文艺复兴提出的特点;那么,屈原大概便是第一个以古典的中国方式在两千年前尖锐地提出了这个"首要问题"的诗人哲学家。并且,他确乎以自己的行动回答了这个问题。这个否定的回答是那样"惊才绝艳",从而便把这个人性问题——"我值得活着吗?"——提到极为尖锐的和最为深刻的高度。把屈原的艺术提升到无比深邃程度的正是这个"死亡—自杀"的人性主题。它极大地发扬和补充了北方的儒学传统,构成中国优良文化中一个很重要的因素。

如果像庄子那样,"死生无变于己"(《庄子·齐物论》),就不能有这主题;如果像儒学那样,那么平宁而抽象,"存,吾顺事;

---

① Albert Camus, *The Myth of Sisyphus*.
② Gadamer, *Reason In The Age of Science*, p.75.

殁，吾宁也"（张载《正蒙·西铭》），也不会有这主题。屈原正是在明确意识到自己必须选择死亡、自杀的时候，来满怀情感地上天下地，觅遍时空，来追寻，来发问，来倾诉，来诅咒，来执著地探求什么是"是"，什么是"非"，什么是"善"，什么是"恶"，什么是"美"，什么是"丑"。他要求这一切在死亡面前展现出它们的原形，要求就它们的存在和假存在来做出解答。"何昔日之芳草兮，今直为此萧艾也？""何方圜之能周兮，夫孰异道而相安？"（《楚辞·离骚》）政治的成败，历史的命运，生命的价值，远古的传统，它们是合理的吗？是可以理解的吗？生存失去支柱，所以"天问"；污浊必须超越，所以"离骚"。人作为具体的现实存在的依据何在，在这里有了空前的突出。屈原是以这种人的个体血肉之躯的现实存在的重要性和可能性来询问真理。从而，这真理便不再是观念式的普遍性概念，也不是某种实用性的生活道路，而是"此在"本身。所以，它充满了极为浓烈的情感哀伤。

可以清楚地看到，那是颗受了伤的孤独的心：痛苦、困惑、烦恼、骚乱、愤慨而哀伤。世界和人生在这里已化为非常具体而复杂的个体情感自身，因为这情感与是否生存有着直接联系。事物可以变迁，可以延续，只有我的死是无可重复和无可替代的。以这个我的存在即将消失的"无"，便可以抗衡、可以询问、可以诅咒那一切存在的"有"。它可以那样自由地遨游宇宙，那样无所忌惮地怀疑传统，那样愤慨怨恨地议论当政……有如王夫之所说："唯极于死以为志，故可任性孤行。"（王夫之《楚辞通释》）

他总是那么异常孤独和分外哀伤：

> 鸷鸟之不群兮，自前世而固然。（《楚辞·离骚》）
> 世溷浊而莫余知兮，吾方高驰而不顾。（《楚辞·九章·涉

江》)

哀吾生之无乐兮,幽独处乎山中。吾不能变心而从俗兮,固将愁苦而终穷。(同上)

涕泣交而凄凄兮,思不眠以至曙。终长夜之曼曼兮,掩此哀而不去。(《楚辞·九章·悲回风》)

这个伟大孤独者的最后决定是选择死:

宁溘死以流亡兮,余不忍为此态也。(《楚辞·离骚》)
既莫足与为美政兮,吾将从彭咸之所居。(同上)
宁溘死而流亡兮,恐祸殃之有再。不毕辞而赴渊兮,惜雍君之不识。(《楚辞·九章·惜往日》)
临沅湘之玄渊兮,遂自忍而沉流。卒没身而绝名兮,惜雍君之不昭。(同上)
知死不可让,愿勿爱兮。(《楚辞·九章·怀沙》)
浮江淮而入海兮,从子胥而自适。望大河之洲渚兮,悲申徒之抗迹。骤谏君而不听兮,重任石之何益。心絓结而不解兮,思蹇产而不释。(《楚辞·九章·悲回风》)

王夫之说,屈原的这些作品都是"往复思维,决以沉江自失","决意于死,故明其志以告君子","盖原自沉时永诀之辞也"(《楚辞通释》)。在文艺史上,决定选择自杀所作的诗篇达到如此高度成就,是罕见的。诗人以其死亡的选择来描述,来想象,来思索,来抒发。生的丰富性、深刻性、生动性被多样而繁复地展示出来,是非、善恶、美丑的不可并存的对立、冲突、变换的尖锐性、复杂性被显露出来,历史和人世的悲剧性、黑暗性和不可知性被提了出来。"伍子逢殃兮，比干菹醢。与前世而皆然兮，吾又何怨乎今之人！"（《楚辞·九章·涉江》）"赠弋机而在上兮，罻罗张而在下。"（《楚辞·九章·惜诵》）"固时俗之工巧兮……竞周容以为度。"（《楚辞·离骚》）"天命反侧，何罚何佑？齐桓九会，卒然身杀。……何圣人之一德，卒其异方？梅伯受醢，箕子佯狂。"（《楚辞·天问》）既然如此，世界和存在是如此之荒诞、丑陋、无道理、没目的，那我又值得活吗？

要驱除掉求活这个极为强大的自然生物本能，要实现与这个丑恶世界做死亡决裂的人性，对一个真有血肉之躯的个体，本是很不容易的。它不是那种"匹夫匹妇自刭于沟洫"式的负气，而是只有自我意识才能做到的以死亡来抗衡荒谬的世界。这抗衡是经过对生死仔细反思后的自我选择。在这反思和选择中，把人性的全部美好的思想情感，包括对生命的眷恋、执著和欢欣，统统凝聚和积淀在这感性情感中了。这情感不同于"礼乐传统"所要求塑造、陶冶的普遍性的群体情感形式，这里的情感是自我在选择死亡而意识世界和回顾生存时所激发的非常具体而个性化的感情。它之所以具体，是因为这些情感始终萦绕着、纠缠于自我参与了的种种具体的政治斗争、危亡形势和切身经历。它丝毫也不"超脱"，而是执著在这些具体事务的状况形势中来判断是非、美丑、善恶。这种判断从而不只是理知的思索，它们更是情感的反映，而且在这里，理知是沉浸、溶化在情感之中的。这当然不是那种"普遍性的情感形式"所能等同或替代的。它之所以个性化，是因为这是屈原以舍弃个体生存为代价的呼号抒发，它是那独一无二、不可重复的存在本身的显露。这也不是那"普遍性的情感形式"所能等同。正是这种异常具体而个性化的感情，给了那"情感的普遍性形式"以重要的突破和扩展。它注入"情感的普遍性形式"以鲜红的活的人血，使这种普遍性形式不再限定在"乐而不淫,哀而不伤"的束缚或框架里,而可以是哀伤之至;使这种形式不只是"乐从和""诗言志",而可以是"怆怏难怀""忿懑不容"。这即是说,使这种情感形式在显露和参与人生深度上,获得了空前的悲剧性的沉积意义和冲击力量。

尽管屈原从理知上提出了他之所以选择死亡的某些理论上或伦理上的理由,如不忍见事态发展、祖国沦亡等等,但他不愿听从"渔父"的劝告,不走孔子、庄子和"明哲"古训的道路,都说明这种死亡的选择更是情感上的。他从情感上便觉得活不下去,理知上的"不值得活"在这里明显地展现为情感上的"决不能活"。这种情感上的"决不能活",如前所说,不是某种本能的冲动或迷狂的信仰,而仍然是融入了、渗透了并且经过了个体的道德责任感的反省之后的积淀产物。它既不神秘,也非狂热,而仍然是一种理性的情感态度。但是,它虽符合理性甚至符合道德,却又超越了它们。它是生死的再反思,涉及了心理本体的建设。

所以,尽管后世有人或讥讽屈原过于"愚忠",接受了儒家的"奴才哲学",或指责屈原"露才扬己"(班固《离骚序》),"怀沙赴水……都过常了"(《朱子语类》卷八十),不符合儒家的温厚精神。但是,你能够去死吗?在这个巨大的主题面前,嘲讽者和指责者都将退缩。"千古艰难惟一死,伤心岂独息夫人"。如果说"从容就义"比"慷慨成仁"难,那么自杀死亡比"成仁""就义"就似乎更难了。特别当它并不是一时之泄愤、盲目的情绪、狂热的观念,而是在深入反思了生和死、咀嚼了人生的价值和现世的荒谬之后。这种选择死亡和面对死亡的个体情感,强有力地建筑着人类的心理本体。

尽管屈原以死的行动震撼着知识分子,但在儒家传统的支配下,效法屈原自杀的毕竟是极少数,因之,它并不以死的行动而毋宁是以对死的深沉感受和情感反思来替代真正的行动。因之是以它（死亡）来反复锤炼心灵，使心灵担负起整个生存的重量（包括屈辱、扭曲、痛苦……）而日益深厚。不是樱花式的热烈在俄顷，而毋宁如菊、梅、松、竹，以耐力长久为理想的象征。所以后世效法屈原自沉的尽管并不太多，不一定要去死，但屈原所反复锤炼的那种"虽体解吾犹未变兮""虽九死其犹未悔"的心理情感，那种由屈原第一次表达出来的死之前的悲愤哀伤、苦痛爱恋，那种纯任志气、袒露性情……总之，那种屈原式的情感操守却一代又一代地培育着中国知识者的心魂，并经常成为生活和创作的原动力量。司马迁忍辱负重的生存，嵇康、阮籍的悲愤哀伤，也都是在死亡面前所产生的深厚沉郁的"此在"的情感本身。他们都考虑过或考虑到去死，尽管他们并没有那样去做，却把经常只有面临死亡才能最大地发现的"在"的意义很好地展露了出来。它们是通过对死的情感思索而发射出来的"在"的光芒。

"死生亦大矣，岂不痛哉！"（《兰亭集序》）对每个感性生存的个体，死的面临从来就是一个不可避开的大问题。不同的是所达到的自我意识的不同高度。面临死亡时可以有道家式的旷达，来补充儒家的避开，例如陶渊明：

> 荒草何茫茫，白杨亦萧萧。严霜九月中，送我出远郊。四面无人居，高坟正嶣峣。马为仰天鸣，风为自萧条。幽室一已闭，千年不复朝。千年不复朝，贤达无奈何！向来相送人，各自还其家。亲戚或余悲，他人亦已歌。死去何所道，托体同山阿。（《拟挽歌辞（其三）》）

这似乎是相当超脱的"一死生"了。但实际给予人们的，不仍然是对死亡的沉痛悲哀吗？"固知一死生为虚诞，齐彭殇为妄作。"（《兰亭集序》）庄子那种"一死生"要真正化为某种情感态度即彻底的无情，实际上很难办到。"人非草木，孰能无情？"因此，对死亡的自觉选择和面临死亡的本体感受，就恰好反过来加深了儒学传统中对人生短促的情感关注。于是，为屈原所突出的选择死亡便不只是对死亡的悲哀，而且是在死亡面前那种执著顽强、不肯让步的生的态度。这里，选择死亡的情感实际又是坚守信念的情感，死的反思归结为生的把握：既然连死都愿意选择，那又何况于"贬""窜"或其他？所以，在既"贬"且"窜"之后，仍然执著于生存，坚守着自己的信念、情感，仍然悲愤哀伤于人际世事，这也就是屈原的情操传统。这传统为后世士大夫知识分子所承继下来，将"岁寒，然后知松柏之后凋也""匹夫不可夺志"的儒学传统填满了真挚情感，使内心的"情理结构"具有了深沉的生死蕴涵，而达到人生存在的应有的感情深度。

柳宗元赞赏地说过"哀如屈原"。柳宗元在政治斗争的巨大失败后被贬在蛮瘴地的南方，抑郁愤懑，也很像屈原。他没有去选择死，但他总有那种对死的惊觉：

> 人生少得六七十者，今已三十七矣。长来觉日月益促，岁岁更甚，大都不过数十寒暑，则无此身矣。（《与萧翰林俛书》）

> 假令病尽已，身复壮，悠悠人世，越不过为三十年客耳。前过三十七年，与瞬息无异。复所得者，其不足把玩，亦已审矣。（《与李翰林建书》）

这固然是儒家传统对生的短促的惊叹，但更是屈骚传统对死将到来的反思。这是对死的关注,也是对生的质疑,"不足把玩","日月益促",人生本是多么悲哀哟。

《美的历程》曾认为,楚、汉文化一脉相传。《文心雕龙》说,"楚艳汉侈,流弊不还"(《文心雕龙·辨骚》),汉人好楚辞,从宫廷到下层,几乎数百年不衰。其中一个重要现象是,即使是显赫贵族,即使是欢乐盛会,也常要用悲哀的"挽歌"来作乐。"京师宾婚嘉会……酒酣之后,续以挽歌。"(《后汉书·五行志》注引《风俗通》)"大将军梁商……大会宾客,宴于洛水……酣饮极欢,及酒阑倡罢,继以薤露之歌,坐中闻者,皆为掩涕。"(《后汉书·周举传》)这虽被儒家讥评为"哀乐失时"(同上),却作为风尚,一直延续到魏晋,如"袁山松出游,每好令左右作挽歌"(《世说新语·任诞》),"张骥酒后,挽歌甚凄苦"(同上)。钱锺书说:"奏乐以生悲为善音,听乐以能悲为知音。汉魏六朝,风尚如斯。"①又说:"吾国古人言音乐以悲哀为主……使人危涕坠心,匪止好音悦耳也,佳景悦目,亦复有之……或云'读诗至美妙处,真泪方流'。……故知陨涕为贵,不独聆音。"②由音乐而自然景物而诗,审美和艺术常以激发人的悲哀为特征和极致,这大概是一种普遍规律,也是塑造人性情感的一种非常重要的方法或模式。而最悲哀的莫过于生死之间,对死的悲哀意识正标志着对生的自觉,它大概来源于上古的"丧礼""葬礼"。上节曾引Gadamer的话说人性起始于埋葬死者。中国的"礼乐"传统也首重丧葬。儒家保存和发展这传统,并开始加以内在化。孔子说,"丧与其易也,宁戚",即强调比仪式更重要的是内在情感的悲哀。在人性自觉和心理塑造中,

---

① 钱锺书:《管锥编》第3册,中华书局,1979,第946页。
② 同上书,第949-950页。

悲哀是种非常重要和突出的感情。动物没有丧葬礼仪,从而也大概不会有对死亡具有认识性能和深重悲哀;而原始人群通过丧葬礼仪所共享的这种悲哀,是某种情感的自意识、自咀嚼,其中包含着对生活、对人际关系、对生存的某种理解、认识和回顾,包含着某种记忆、理解和认同,这对于巩固原始群体、增进群体成员的团结合作,是有重要的社会功能的。从内在心理方面说,它使生物性的情绪因为上述性能而人性化,即使生物情感具有自意识的理性内容。这也就是塑造情感、陶冶性情,是当时建立"普遍性的情感形式"的一种重要成果。

楚骚中本多悲哀,到汉代挽歌风行,即使在兴高采烈欢愉嘉会后,也"续以挽歌"。与屈原的生死反思接近,它是上层贵族和智识者的生存自觉。对死亡的哀伤关注,所表现的是对生存的无比眷恋,并使之具有某种领悟人生的哲理风味。所谓欢乐中的凄怆,不总是加深着这欢乐的深刻度,教人们紧紧把握住这并不常在的人生吗?甜蜜中的苦涩,别是一番滋味。这滋味的特征在于:它带有某种领悟的感伤、生存的自意识和对有限人生的超越要求,即是说,它有某种对人生的知性观照在内,然而它却仍然是情感性的。它既是对本体存在的探询,又是对它的感受。

可见,自《楚辞》、汉挽歌、《古诗十九首》到魏晋悲怆,环绕着这个体生死的咏叹调,一方面继承了远古礼乐传统和儒家仁学的人性自觉,另一方面却把它们具体地加深了。魏晋作为人的自觉时代,通过这方面,突出地显现了这一情理结构的塑造进程。

从现实社会讲,由《人物志》为代表的政治性品藻,逐渐转换到以《世说新语》为代表的审美性品藻①,标记着理想人格的具象

---

① 参看李泽厚、刘纲纪:《中国美学史》第2卷,第3章。

化。从哲学理论说，这理想人格的追求本来自《庄子》，魏晋玄学却把它落实到生死——人生感怀的情感中了。魏晋整个意识形态具有的"智慧兼深情"的根本特征，即以此故。深情的感伤结合智慧的哲学，直接展现为美学风格，所谓"魏晋风流"，此之谓也。

庄子那种齐寿夭、一死生的人生态度，是魏晋名士们所向往所追求却实际做不到的。正因为做不到，就反使死生寿夭问题在情感上变得更为突出，更加耿耿于怀，不能自已。《世说新语》记载了大量有关"伤逝"的哀悲：

> 王戎丧儿万子，山简往省之，王悲不自胜。简曰："孩抱中物，何至于此？"王曰："圣人忘情，最下不及情；情之所钟，正在我辈。"（《世说新语·伤逝》）
>
> 支道林丧法虔之后，精神霣丧，风味转坠。……后一年，支遂殒。（同上）

"恸绝""哭甚恸""不胜其恸""又大恸"……这些充满了"伤逝"情怀的记载，却正是魏晋风度的显露，即所谓"埋玉树著土中，使人情何能已已"（同上）。这完全不是鼓盆而歌，强颜欢笑，以理忘情；庄子这种态度已被指斥为"妻亡不哭，亦何所欢？慢吊鼓缶，放此诞言；殆矫其情，近失自然"（孙楚《庄周赞》）。庄子所感叹的"山林与！皋壤与！使我欣欣然而乐与！乐未毕也，哀又继之。哀乐之来，吾不能御，其去弗能止。悲夫，世人直为物逆旅耳"（《庄子·知北游》），却是名士们所非常欣赏和深深感受的。王弼在哲学上曾论证说圣人"同于人者"，是"五情"，"五情同，故不能无哀乐以应物"①。所谓"不能无哀乐以应物",也即是"使人情何能已已"。因此也就可以"不胜其恸","一恸几绝"。这种对庄子忘情的改造,表面看来,似乎是儒家的渗入;但儒家并不主张这种对生死的极大悲痛和哀怆。"子夏哭子丧明",曾被儒学斥责。"一恸几绝""恸绝良久,月余亦卒"……在儒家看来,是"未为达理"的。因之,这毋宁是自汉以来以屈原为代表的楚风的持续影响,是汉代悲怆挽歌的承续发展。在这里,屈与儒、道(庄)渗透融合,形成了以情为核心的美学基本特征。而时代动乱,苦难连绵,死亡枕藉,更使各种哀歌,从死别到生离,从社会景象到个人遭遇,发展到一个空前的深刻度。这个深刻度正在于:它超出了一般的情绪发泄的简单内容,而以对人生苍凉的感喟,来表达出某种本体的探询。即是说,魏晋时代的"情"的抒发,由于总与对人生—生死—存在的意向、探询、疑惑相交织,从而达到哲理的高层。这正是由于以"无"为寂然本体的老庄哲学以及它所高扬着的思辨智慧,已活生生地渗透和转化为热烈的情绪、锐敏的感受和对生活的顽强执著的缘故。从而,在这里,一切情感都闪灼着智慧的光辉,有限的人生感伤总富有无垠宇宙的含义。它变成了一种本体的感受,即本体不只是在思辨中,而且还在审美中,为他们所直接感受着、嗟叹着、咏味着。扩而充之,不仅对死亡,而且对人事、对风景、对自然,也都可以兴发起这种探询和感受,使世事情怀变得非常美丽。

桓公北征经金城,见前为琅邪时种柳,皆已十围,慨然曰:"木犹如此,人何以堪!"攀枝执条,泫然流泪。(《世说新

---

① 王弼著,楼宇烈校释:《王弼集校释》,中华书局,1980,第640页。

语·言语》）

卫洗马初欲渡江，形神惨悴，语左右云："见此芒芒，不觉百端交集。苟未免有情，亦复谁能遣此！"（同上）

谢太傅语王右军曰："中年伤于哀乐，与亲友别，辄作数日恶。"（同上）

桓子野每闻清歌，辄唤："奈何！"谢公闻之曰："子野可谓一往有深情。"（《世说新语·任诞》）

……

这种触目伤心的人生感怀、本体感受，便是深情兼智慧的魏晋美学。

从哲学讲，庄、老、易当时并称"三玄"，是魏晋名士津津乐道的学问。以虚无为本体的魏晋老庄哲学所指向的潜在的无限可能性，并不是真正的虚空、空无，它可随时化为万有。这就与儒家《易》学的世界观人生观相汇通了。《易》的万有流变的生的礼赞，庄的高举远慕的人格本体，屈的死亡反思的一往深情，在魏晋时代充分地交融汇合，便使以"无"为本的构建不纯粹是抽象思辨的结晶，使玄学所强调的通过有限又抛弃有限（"尽意莫若象，尽象莫若言"；"得意而忘象，得象而忘言"）所达到的无限，不仅仅是思辨的智慧，而且更是情感的体悟。它不仅仅是普遍性的逻辑认识，而且更重要的是个体性的心理建构。它是一种"本体的感受"，它是在个体情感的感性中来探询、领会、把握和达到那"无形""无名""无味""无声无臭"的本体。这是一种具体的、充满了人世情感的感受。所以，王弼讲"圣人体无"的特征，正在于既"神明茂"又"五情同"，前者是智慧，后者是哀乐。这种理想人格，不就正是魏晋名士们那种种玄谈无碍而又任情抒发的理论概括嘛？不是别的，正是"深情兼智慧"的意识特征，使魏晋哲学具有美学性质，并从而扩及各个领域的艺术实践和艺术理论中。陆机的《文赋》、宗炳的《画山水序》、王微的《叙画》、钟嵘的《诗品》、刘勰的《文心雕龙》等等，都无不围绕着这个"情理结构"在旋转。魏晋哲学——美学中讲的"无""道""神""意"，其中都有着这个"情理结构"的背影。所谓"魏晋风骨""晋人风度""诗缘情""传神写照"等等，也均应从此处深探。这时的美学不再像过去仅仅关心情感是否符合于儒家的伦理，而更注意情感自身的意义和价值。情感已和对人格本体的探询感受结合起来，它的审美意义已超出伦理政教，从而便不再只是宣扬"名教"的工具了。

庄、屈、儒在魏晋的合流，铸造了华夏文艺与美学的根本心理特征和情理机制。在这个机制模态中，作家、艺术家们去感知，去感受，去抒情，去想象，去理解和认识。正因为在这个合流交会中，有易、庄的牵制，华夏文艺便不讲毁灭中的快乐，不讲生命的彻底否定，没有从希腊悲剧到Nietzsche哲学的那一套。由于有屈、庄的牵制，华夏文艺便总能够不断冲破种种儒学正统的"温柔敦厚""文以载道""怨而不怒"的政治伦理束缚，蔑视常规，鄙弃礼法，走向精神——心灵的自由和高蹈。由于儒、屈的牵制，华夏文艺又不走向空漠的残酷、虚妄的超脱或矫情的寂灭，包括著名佛家如支道林，不也因知友之丧而"风味顿蹶"，以致"殒亡"的深情如此吗？

由于这种文化心理建构是儒、道、屈三家融合而成的深层的情理交会，它所敏感的人生宇宙的苍凉悲怆，便经常是饱经风霜的人事阅历和生活洗礼的感受，所以它常常并非少年感伤，而更多是成人忧患。也就是这种饱阅风霜使情理经历了各种苦难洗礼和生死锤炼的成熟的人性。所谓"庾信文章老更成""暮年诗赋动江关"（杜甫《咏怀古迹五首》）云云，指示的都是这种充满人生阅历和生活锤炼的心理情感结构：它在痛苦、艰难、困阻、死亡中锤炼过，经历过，领略过……

从而，这个"情"便不复是先秦两汉时代那种普遍性的群体情感的框架符号，也不是近代资本主义时期与个体动物性情欲（"人欲"）紧相联系的个性解释。这个"情"虽然发自个体，却又依然是一种普泛的对人生、生死、离别等存在状态的哀伤感喟，其特征是充满了非概念语言所能表达的思辨和智慧。它总与对宇宙的流变、自然的道、人的本体存在的深刻感受和探询连在一起。艺术作为情感的形式，由远古那种规范性的普遍符号，进到这里的对本体探询和感受的深情抒发，较完满地突现出来了。

禅意盎然

佛学禅宗加强了中国文化的形上性格，却仍不建构思辨的形而上学。它突破了原来的儒家世界观，不再只是"天行健""生生之谓易"，也突破了原来的道家世界观，不再只是"逍遥游""乘云气，骑日月"，这些都太落迹象，真正的本体是完全超越于这些生长、游仙、动静、有无的。从而，它对传统哲学做了空前的冲击，但又只是"冲击"，而并没扔弃。禅没否定儒道共持的感性世界和人的感性生存，没有否定儒家所重视的现实生活和日常世界。儒家说"道在伦常日用之中"，禅宗讲"担水砍柴，莫非妙道"。尽管各道其道，儒、佛（禅）之道亦不相同，但认为可以在现实感性生活中去贯道、载道或悟道，却又是相当一致的。禅把儒、道的超越面提高了一层，而对其内在的实践面，却仍然遵循着中国的传统。所以总起来看，禅仍然是循传统而更新。

禅作为佛门宗派，是仍要出家当和尚的，即脱离现实人伦和世俗生活。这些和尚们的生活、信仰和思想情感，包括他们那些说教谈禅的诗篇，对广大知识分子及其文艺创作并无重大的影响。真正有重大影响和作用的，是佛学禅宗在理论上、思想上、情感上对超越的形上追求，给未出家当和尚的知识分子在文化心理结构上，从而在他们人生态度上所带来的精神果实。

禅是不诉诸理知的思索，不诉诸盲目的信仰，不去雄辩地论证色空有无，不去精细地讲求分析认识，不强调枯坐冥思，不宣扬长修苦炼，而就在与生活本身保持直接联系的当下即得、四处皆有的现实境遇中，"悟道"成佛。现实日常生活是普通的感性，就在这普通的感性中便可以超越，可以妙悟，可以达到永恒——获得那常住不灭的佛性。从而，"既然不需要日常的思维逻辑，又不要遵循共同的规范，禅宗的'悟道'便经常成为一种完全独特的个体感受和直观体会"①。"只有在既非刻意追求，又非不追求；既非有意识，又非无意识；既非泯灭思虑，又非念念不忘，即所谓'在不住中又常住'和无所谓'住不住'中以获得'忽然省悟'。"②

这对美学，不正是很熟悉、很贴切和很合乎实际的吗？艺术不是逻辑思维，审美不同于理知认识；它们都建筑在个体的直观领悟上，既非完全有意识，又非纯粹无意识。禅接着庄、玄，通过哲学宣讲了种种最高境界或层次。道家讲"无法而法，是为至法"。无法之法犹有法；禅则毫无定法，纯粹是不可传授不可讲求的个体感性的"一味妙悟"，正是"众里寻他千百度，蓦然回首，那人却在灯火阑珊处"。"妙""悟"两字早屡见于六朝文献，曾是当时玄学、佛家的常用词条，不但佛家支道林、僧肇、宗炳讲，而且阮籍、顾恺之、谢灵运等人也讲，他们都在追求通过某种特殊方式来启发、领略、把握那超社会、时代、生死、变易的最高本体或真理。这到禅，便发展到了极致。

我曾认为，禅的秘密之一在于"对时间的某种顿时的神秘的领悟，即所谓'永恒在瞬刻'或'瞬刻即可永恒'这一直觉感

---

① 拙作《中国古代思想史论》中《庄玄禅宗漫述》。
② 同上。

受"。① "在某种特定的条件、情况、境地下,你突然感觉到在这一瞬刻间似乎超越了一切时空、因果,过去、未来、现在似乎融在一起,不可分辨,也不去分辨,不再知道自己身心在何处(时空)和何所由来(因果)。……这当然也就超越了一切物我人己界限,与对象世界(例如与自然界)完全合为一体,凝成永恒的存在。"② "禅宗非常喜欢……与大自然打交道。它所追求的那种淡远心境和瞬刻永恒,经常假借大自然来使人感受或领悟。"③ "禅之所以多半在大自然的观赏中来获得对所谓宇宙目的性从而似乎是对神的了悟,也正在于自然界事物本身是无目的性的。花开水流,鸟飞叶落,它们本身都是无意识、无目的、无思虑、无计划的。也就是说,是'无心'的。但就在这'无心'中,在这无目的性中,却似乎可以窥见那个使这一切所以然的'大心'、大目的性——而这就是'神'。并且只有在这'无心'、无目的性中,才可能感受到它。一切有心、有目的、有意识、有计划的事物、作为、思念,比起它来,就毫不足道,只妨碍它的展露。不是说经说得顽石也点头,而是在未说之前,顽石即已点头了。就是说,并不待人为,自然已是佛性。……在禅宗公案中,用以比喻、暗示、寓意的种种自然事物及其情感内蕴,就并非都是枯冷、衰颓、寂灭的东西,相反,经常倒是花开草长,鸢飞鱼跃,活泼而富有生命的对象。它所诉诸人们感受的似乎是:你看那大自然,生命之树常青啊,不要去干扰破坏它!"④

既然追求和所达到的是"瞬刻永恒",这个"永恒"又是那个常住不灭的本体佛性。在这里,时间停止了。"佛性本清净",于是

---

① 拙作《中国古代思想史论》中《庄玄禅宗漫述》。
② 同上。
③ 同上。
④ 同上。

佛教总是要通过贬低、排斥、否定变动的、纷乱的、五光十色的现象世界，才能接近和达到它。为什么要静坐，为什么破法执我执，都是为了去掉这种现象世界的运动不居的"假象"，去接近和达到那佛性本体。禅宗于此也无例外。但由于禅宗强调感性即超越，瞬刻可永恒，因之更着重就在这个动的普通现象中去领悟、去达到那永恒不动的静的本体，从而飞跃地进入佛我同一、物己双忘、宇宙与心灵融合一体的那异常奇妙、美丽、愉快、神秘的精神境界。这，也就是所谓"禅意"。但"禅客最忙，念念是道"，反而得不了"道"；而在大量的日常生活的偶然中，却可以随时启悟而接触"道"。这个通由"妙悟"得到的"道"，常常只能顷刻抓住，难以久存；所以，它并非僧人的生活或教义本身，毋宁更是某种高层次的心灵或人生境界。这也是有禅味的诗胜过许多禅诗的原因所在。它"非关书也"，"非关理也"，"一味妙悟而已"。"悟"是某种无意识的突然释放和升华。这里的重点是在其突然释放和升华，即顿悟，即"蓦然回首，那人却在灯火阑珊处"。它非常普通，非常平凡，非常自然，却又因参透本体而那么韵味深长，盎然禅意。王渔洋曾说王维的"辋川绝句，字字入禅"。你看：

  木末芙蓉花，山中发红萼。涧户寂无人，纷纷开且落。《辛夷坞》
  人闲桂花落，夜静春山空。月出惊山鸟，时鸣春涧中。《鸟鸣涧》
  空山不见人，但闻人语响。返景入深林，复照青苔上。《鹿柴》
  ……

一切都是动的，非常平凡，非常写实，非常自然，但它所传达出来的意味，却是永恒的静、本体的静。在这里，动乃静，实却虚，色即空。而且，也无所谓动静、虚实、色空，本体是超越它们的。在本体中，它们都合为一体，而不可分割了。这便是在"动"中得到的"静"，在实景中得到的虚境，在纷繁现象中获得的本体，在瞬刻的直感领域中获得的永恒。自然是多么美啊，它似乎与人世毫不相干，花开花落，鸟鸣春涧，然而就在这对自然的片刻顿悟中，你却感到了那不朽者的存在。日本有所谓从青蛙跳水声中得禅悟，不也正是这种动中静，在宇宙的不断运转流变中深悟本体的虚无吗？在一片寂静中，"扑通"一声，青蛙跳水，声音是那样的轻微清越，像轻风突然使水面起了小小的漪涟，它显示着、证实着这世界的存在、生命的存在，然而这存在和生命又多么寂寞、空无、凄清、短暂啊！于是它启示你更感觉只有那超动静的本体才是不朽的。运动着的时空景象都似乎只是为了呈现那不朽者——凝冻着的永恒。那不朽、那永恒似乎就在这自然风景之中，然而似乎又在这自然风景之外。它既凝冻在这变动不居的外在景象中，又超越了这外在景物，而成为某种奇妙感受、某种愉悦心情、某种人生境界。苏轼说王维的诗是"诗中有画"，王维的画是"画中有诗"。前者正是这种凝冻，即所谓"凝神于景"，"心入于境"，心灵与自然合为一体，在自然中得到了停歇，心似乎消失了，只有大自然的绚烂美丽，景色如画。后者则是这种超越，即所谓"超然心悟"，"象外之象"，纷繁流走的自然景色展示的，却是永恒不朽的本体存在，即那充满着情感又似乎没有任何情感的本体的诗。而这，也就是"无心""无念"而与自然合一的"禅意"。如果剥去这"禅意"的宗教信仰因素，它实质上不正是非理知思辨、非狂热信仰的审美观照，即我称之为"悦神"层次①的美感吗?它是感性的,并停留、徘徊在感性之中,然而同时却又超越了感性。将来或许可以从心理学对它做出科学分析说明;现在从哲学说,它便正是于感性的超升和理性向感性的深沉积淀所造成的对人生哲理的直接感受。这是一种本体的感性。可见,禅的出现使中国人的心理结构获得了另一次的丰富。这一丰富的特色即在,由于"妙悟"的参入,使内心的情理结构有了另一次的动荡和增添:非概念的理解—直觉式的智慧因素压倒了想象、感知,而与情感、意向紧相融合,构成它们的引导。

除动中静外,禅的"妙悟"的另一常见形态是对人生、生活、机遇的偶然性的深沉点发。就在这偶然性的点发中,在这飘忽即逝不可再得中去发现、去领悟、去寻觅、去感叹那人生的究竟和存在(生活、生命)的意义。

> 人生到处知何似,应似飞鸿踏雪泥。泥上偶然留指爪,鸿飞那复计东西……(苏轼《和子由渑池怀旧》)
>
> ……多情应笑我,早生华发。人生如梦,一樽还酹江月。(苏轼《念奴娇·赤壁怀古》)

"人生如梦",是早就有的感慨,但它在苏轼这里所取得的,却是更深一层的对人生目的和宇宙存在的怀疑与叹喟。它已不是去追求人的个体的长生、飞升(求仙)、不朽,而是去询问这整个存在本身究竟是什么?有什么意义?有什么目的?它要求超越的是这整个存在的本身,超越这个人生、世界、宇宙……从它们中脱身出来,以参透这个谜。所以,它已不仅是庄,而且是禅。不只追求树立某

---

① 拙作《李泽厚哲学美学文选》中《审美谈》。

种伦理的（儒家）或超越的（道家）理想人格，而是寻求某种达到永恒本体的心灵道路。这条道路，是通由"妙悟"，并且也只有通由"妙悟"才得到永恒。这正是禅的特色。这不又是一种全新的角度，不又是对儒、道、屈的华夏传统的另一次丰富和展开吗？

那么，禅与儒、道、屈到底有什么同异呢？

与儒家的同异，似乎比较清楚。儒家强调人际关系，重视静中之动，强调动。如《易传》的"生生不息""天行健"等等。从而，儒家以雄强刚健为美，它以气胜。无论是孟子，是韩愈，不仅在文艺理论上，而且在艺术风格上，都充分体现这一点。即使是杜甫，沉郁雄浑中的气势凛然，也仍然是其风格特色。像那著名的"前不见古人，后不见来者，念天地之悠悠，独怆然而涕下"（陈子昂），虽也涉及宇宙、历史、人生和存在意义，但它仍然是儒家的襟怀和感伤，而不是禅或道。这种区分是比较明显的。

与道（庄）的同异，比较难做清晰区分。人们常把庄与禅密切联系起来，认为禅即庄。确乎两者有许多相通，相似以至相同处。如破对待，空物我，泯主客，齐死生，反认知，重解悟，亲自然，寻超脱等等，特别是艺术领域中，庄、禅更常常浑然一体，难以区分。

"但二者又仍然有差别。……庄所树立、夸扬的是某种理想人格，即能做'逍遥游'的'至人''真人''神人'，禅所强调的却是某种具有神秘经验性质的心灵体验。庄子实质上仍执著于生死，禅则以参透生死关自许，于生死真正无所住心。所以前者（庄）重生，也不认世界为虚幻，只认为不要为种种有限的具体现实事物所束缚，必须超越它们，因之要求把个体提到与宇宙并生的人格高度。它在审美表现上，经常以辽阔胜，以拙大胜。后者（禅）视世界、物我均虚幻，包括整个宇宙以及这种'真人''至人'等理想人格也如同'干屎橛'一样，毫无价值。真实的存在只在于心灵的顿悟觉感中。它不重生，亦不轻生。世界的任何事物对它既有意义，也无意义，过而不留，都可以无所谓，所以根本不必去强求什么超越，因为所谓超越本身也是荒谬的，无意义的。从而，它追求的便不是什么理想人格，而只是某种彻悟心境。庄子那里虽也有这种'无所谓'的人生态度，但禅由于有瞬刻永恒感作为'悟解'的基础。便使这种人生态度、心灵境界、这种与宇宙合一的精神体验，比庄子更深刻也更突出。在审美表现上，禅以韵味胜，以精巧胜。"①

所以，"乘云气，骑日月，而游乎四海之外"（《庄子·齐物论》），便是道，而非禅。"空山无人，花开水流"（苏轼）便是禅，而非道。因为后者尽管描写的是色（自然），指向的却是空（那虚无的本体）；前者即使描写的是空，指向的仍是实（人格的本体）。"行到水穷处，坐看云起时"（王维），是禅而非道，尽管它似乎很接近道。"平畴交远风，良苗亦怀新""采菊东篱下，悠然见南山"（陶潜），却是道而非禅，尽管似乎也有禅意。如果用王维、苏轼的诗和陶潜的诗进一步相比较，似乎便可看到这种差异。尽管陶诗在宋代特别为苏轼捧出来，与王、苏也确有近似，但如仔细品味分辨，则陶诗虽平淡却阔大的人格气韵，与王、苏的精巧聪明的心灵妙境，仍有所不同。这也正是道与禅的相似和相差处。从而就更不用说李白（道）与他们的差异。陶、李均基本属道，但一平宁静远，一高华飘逸。徐复观曾以"主客合一"与"主客凑泊"来区别二者②。其实它们是庄的两面。王、苏也有大体类似的差异：王近

---

① 拙作《中国古代思想史论》中《庄玄禅宗漫述》。
② 徐复观：《中国文学论集》，第125页。

于陶，苏近于李。如以大体相近的客观景物为例，"星垂平野阔，月涌大江流"（杜甫）、"山随平野尽，江入大荒流"（李白）、"江流天地外，山色有无中"（王维），便也略可见出儒、道、禅的不同风味：儒的入世积极，道的洒脱阔大，禅的妙悟自得。胡应麟曾以李、杜这两联相比，认为杜"骨力过之"。所谓"骨力过之"，可说是指杜更显思想、人为和力量，如"垂""涌"二字。李随意描来，颇为自然。而王维一联与它们相比，便更淡远。但李、王却缺乏杜那种令人感发兴起、刚毅厚重的积极性格。熊秉明论书法艺术引刘熙载《艺概》认为，张旭与怀素书法之差异，在于"张长史书悲喜双用，怀素书悲喜双遣"，并以"笔触细瘦""无重无轻""运笔迅速"、旋出旋灭等特点以说明后者[①]。这其实也正是道（张旭）与禅（怀素）的不同。陈振濂指出黄山谷书法的机锋迅速，浓烈的见性成佛，"以纵代敛，以散寓整，以欹带平，以锐兼钝……是儒雅的晋人和敦厚的唐人所不屑为也不敢为"[②]，并引笪重光语"涪翁精于禅悦，发为笔墨，如散僧入圣，无裘马轻肥气"，用以指明禅的顿悟、透彻、泼辣、锋利等特色。可见，禅作为哲学—美学的特色已经深深地渗到各门文艺创作和欣赏趣味之中了。当然，上述所有这些，都只具有非常相对的意义，千万不可执著和拘泥，特别是在文艺评论和审美品味上，划一个非此即彼的概念分类是很愚蠢的。前章已说，陶（潜）、李（白）是身合儒、道；在这里，王维、苏轼，便可说是身属儒家而心兼禅、道。儒、道、禅在这里已难截然划开了。

与屈相比，禅更淡泊宁静。屈那种强烈执著的情感操守，那种火一般的爱憎态度，那对生死的执著选择，在禅中，是早已看不见

[①] 熊秉明：《中国书法理论体系》，香港：商务印书馆，1984。
[②] 陈振濂：《禅书一体话山谷》，《文史知识》1985年第12期。

了。存留着屈骚传统的玄学时代的士大夫和文艺家们的纵情伤感,那种"木犹如此,人何以堪",对生的眷恋和死的恐惧,在这里也完全消失了。无论是政治斗争的激情怨愤,或者是人生感伤的情怀意绪,在禅说里都被沉埋起来:既然要超脱尘世,又怎能容许感伤泛滥、激情满怀呢?

然而,如果文艺真正没有情感,又如何能成为文艺?所以,有人说得好,"禅而无禅便是诗,诗而无诗禅俨然"[①],"以禅作诗,即落道理,不独非诗,并非禅矣"[②]。这也就是我说的,"好些禅诗偈颂由于着意要用某种类比来表达意蕴,常常陷入概念化,实际就变成了论理诗、宣讲诗、说教诗……具有禅味的诗实际上比许多禅诗更真正接近于禅。……由于它们通过审美形式把某种宁静淡远的情感、意绪、心境引向去融合、触及或领悟宇宙目的、时间意义、永恒之谜……"[③]所以,很有意思的是,以禅喻诗的严羽,一开头便教人"先须熟读《楚辞》,朝夕讽咏以为本"[④]。接着就举《古诗十九首》。《楚辞》不正是以情胜吗?《古诗十九首》的特色不也在充满深情吗?禅仍然承继了庄、屈,承继了庄的格、屈的情。庄对大自然盎然生命的顶礼崇拜,屈对生死情操的执著探寻,都被承继下来。只是在这里,禅又加上了自己的"悟"(瞬刻永恒感),三者糅合融化在一起,使"格"与"情"成了对神秘的永恒本体的追求指向,在各种动荡运动中来达到那本体的静,从而

---

① 明普荷诗,《云南丛书·滇诗拾遗》卷五,转引自杜松柏《禅学与唐宋诗学》,黎明文化事业公司,1978,第369页。下句解说与杜说不同,借用原诗,予以新解而已。

② 贺贻孙语,转引自《中国美学史资料选编》下册,第298页。

③ 拙作《中国古代思想史论》中《庄玄禅宗漫述》。

④ 严羽:《沧浪诗话》。

"格"与"情"变得似乎更缥缈、聪明、平和而淡泊,变成了一种耐人长久咀嚼的"韵味"。这就是说,当把理想人格和炽烈情感放在人生之谜、宇宙目的这样的智慧之光的照耀下,它们本身虽融化,又并不消失,而且以所谓"冲淡"的"有意味的形式"呈现在这里了。这个"智慧之光",便不复是魏晋贵族们那种辩才无碍的雅致高谈、玄心洞见,也不再是那风流洒脱的姿容状貌、伤感情怀,在那里,智慧与深情仍有某种勉力造作的痕迹,这里却完全在瞬间的妙语中,融成一体了。

所以,充满禅意的作品,即以上述的王维、苏轼的诗来说,比起庄、屈来,便更具有一种充满机巧的智慧美。它们以似乎顿时参悟某种奥秘而启迪人心,并且是在普通人和普通的景物、境遇的直感中,为非常一般的风花雪月所提供、所启悟。之所以一再说是"妙悟",乃因为它既非视听言语所得,又不在视听言语之外;风景(包括文艺中的风景)不仍然需要视、听、想象去感知去接受,诗文不也是需要语言或言语去表现去传达的吗?但感知、接受、表现、传达的,又绝不只是风景和言语(意义)而已。"纷纷开且落",是在有限的时间中的,却启悟你指向超时间的永恒;"鸿飞那复计东西",是在有限空间中的,然而却启悟你指向那超越的存在。

> 古今如梦,何曾梦觉,但有旧欢新怨。异时对,黄楼夜景,为余浩叹。(苏轼《永遇乐》)
> 世路无穷,劳生有限,似此区区长鲜欢。微吟罢,凭征鞍无语,往事千端。……(苏轼《沁园春》)

人似乎永远陷溺在这无休止的、可怜可叹的生命的盲目运转中而无法超拔,有什么办法呢?人事实上脱不了这个"轮回"之苦。

生活尽管无聊，人还得生活，又还得有一大批"旧欢新怨"，这就是感性现实的人生。但人却总希望能够超越这一切。从而，如我前面所说，苏轼所感叹的"人生如梦""人生若旅"，便已不同于魏晋或《古诗十九首》中那种人生短暂、盛年不再的悲哀了，这不是个人的生命长短问题，而是人生意义问题。从而，这里的情感不是激昂、热烈的，而毋宁是理智而醒悟、平静而深刻的。现代日本画家东山魁夷的著名散文《一片树叶》中说："无论何时，偶遇美景只会有一次……如果樱花常开，我们的生命常在，那么两相邂逅就不会动人情怀了。花用自己的凋落闪现出的生的光辉，花是美的，人类在心灵的深处珍惜自己的生命，也热爱自己的生命。人和花的生存，在世界上都是短暂的，可他们萍水相逢了，不知不觉中我们会感到一种欣喜。"①但这种欣喜又是充满了惆怅和惋惜的。

……

中国传统的心理本体随着禅的加入而更深沉了。禅使儒、道、屈的人际—生命—情感更加哲理化了。既然"人生不相见，动如参与商。今夕复何夕，共此灯烛光"（杜甫诗），那么，就请珍惜这片刻的欢娱吧，珍惜这短暂却可永恒的人间情爱吧！如果说西方因基督教的背景使虽无目的却仍有目的性，即它指向和归依于人格神的上帝；那么，在这里，无目的性自身便似乎即是目的。即它只在丰富这人类心理的情感本体，也就是说，心理情感本体即是目的。它就是那最后的实在。

这，不正是把人性自觉的儒家仁学传统的高一级的形而上学化吗？它不用宇宙论，不必"天人同构"，甚至也不必"逍遥游"，就在这"蓦然回首"中接近本体而永恒不朽了。

———————

① 《散文》1985年第10期。

永恒是无时间的存在，它曾经是Parmenides的"不动的一"，是《易经》的"流变"，是庄周的"至人"，在这里，却只是如此平凡却又如此神妙的"蓦然回首"。禅宗通过棒喝、机锋、公案，以"反常合道"的方式，来指点、启发而不是言说、传授这个超时间的形上本体。

但任何自然和人事又都有时间的存在，所谓无时间、超时间或宇宙（时空）之前、之外，都只有诗和哲学的意义。这里也是如此。禅正是诗的哲学或哲学的诗，它不关涉真正的自然、人世，而只建设心理的主体。

人生态度经历了禅悟变成了自然景色，自然景色所指向的是心灵的境界，这是"自然的人化"（儒）和"人的自然化"（庄）的进一步展开，它已不是人际（儒），不是人格（庄），不是情感（屈），而只是心境。像司空图漂亮地描写的那些"诗品"，便是这样：

> 月出东斗，好风相从。太华夜碧，人闻清钟。（高古）
> 白云初晴，幽鸟相逐……落花无言，人淡如菊。（典雅）
> 俯拾即是，不取诸邻。俱道适往，著手成春。（自然）

这是批评的诗，是描绘诗境的诗，也是描绘人生—心灵境界的诗，是充满了禅机妙悟的诗。这是审美意境，同时也是人生境界，更是心灵妙悟。而它们所展现、所留下的，即是那悠长的韵味。

无怪乎《沧浪诗话》作为后期中国美学的标准典籍，其最著名的便是"镜花水月"的理论了：

> ……羚羊挂角，无迹可寻。故其妙处，透彻玲珑，不可凑泊，如空中之音，相中之色，水中之月，镜中之象，言有尽而

意无穷……

"镜花水月"是空幻,却空幻得那么美,那么富有境界和韵味,使人难忘。它是美的空幻和空幻的美。空幻成为美,说明它不诉诸认识,更不诉诸伦理,而只是一种对本体的妙悟感受。这空幻又不是思辨的虚无,而仍然具有活泼的生命,尽管是"镜中花""水中月",却毕竟仍有"花",有"月"。关于它与禅的关系,也有好些人说了,如:

> 从这点讲,王士祯神韵之说最合沧浪意旨。王氏谓:"沧浪以禅喻诗,余深契其说,而五言尤为近之。如王维辋川绝句,字字入禅。他如'雨中山果落,灯下草虫鸣''明月松间照,清泉石上流'以及太白'却下水精帘,玲珑望秋月',常建'松际露微月,清光犹为君',浩然'樵子暗相失,草虫不可闻',刘脊虚'时有落花至,远随流水香',妙谛微言,与世尊拈花,迦叶微笑等无差别,通其解,可语上乘。"(《带经堂诗话》卷三)这就把禅与悟混合着讲。悟中带禅,则似隐如显,不可凑泊;禅中有悟,则不即不离,无迹可求。①

但是,严沧浪、王渔洋所追求的诗的这种理想以及所谓"妙悟"和"镜花水月"的禅境诗意,其特点究竟何在,却始终讲得并不明确。其实,简单说来,它的特点就在一个字:淡。

淡,或冲淡,或淡远,是后期中国诗画等各文艺领域所经常追求的最高艺术境界和审美理想,《美的历程》曾指出:"正如司空

---

① 严羽著,郭绍虞校释:《沧浪诗话校释》,人民文学出版社,1961,第20页。

图《诗品》中虽首列'雄浑',其客观趋向却更倾心于'冲淡''含蓄'之类一样……是当时整个时代的文艺思潮的反映。"("韵外之致"章)

梅圣俞诗:"作诗无古今,唯造平淡难。"[1]苏东坡说:"大凡为文,当使气象峥嵘,五月绚烂;渐老渐熟,乃造平淡。"[2]甚至理学大家朱熹在审美趣味上也如此,他说:"晋宋间诗多闲淡,杜工部等诗常忙了。"[3]司空图《二十四诗品》,诸品中如"情性所至,妙不自寻。遇之自天,泠然希音"[4],"遇之匪深,即之愈希。脱有形似,握手已违"[5]等等,不也就是"镜花水月":看得见,摸不着吗?而它们,不就正是组成"冲淡"风格的具体形象特征吗?这里的"淡",既是无味,却又极其有味,即所谓"无味之味,是为至味"。有意思的是,这个充满禅意的审美标准却又是早已有之的传统说法。连后汉刘邵《人物志》在品评人物时也曾认为,"凡人之质量,中和最贵矣。中和之质,必平淡无味,故能调成五材,变化应节"[6]。这是讲政治的。从哲学讲,魏晋玄学以"无"为本,更是人所熟知。无论政治、哲学或美学,所谓"以无味和五味",是同一原理,它本由儒家"中和""中庸"传衍而来,但只有到禅宗,才把它提到空前的本体高度,强调它乃人生—艺术的最高境界,从而才可能在感性世界中造成韵味无穷的审美效果。A. H. Maslow曾认为,在

---

[1] 梅尧臣著,朱东润编年校注:《梅尧臣集编年校注》下册,上海古籍出版社,1980,第845页。

[2] 《中国美学史资料选编》下册,第34页。

[3] 《朱子语类》卷一四〇。

[4] 司空图:《二十四诗品·实境》。

[5] 司空图:《二十四诗品·冲淡》。

[6] 刘邵:《人物志·九征第一》。

某种高峰体验（peak experience）中，人与世界相同一而无特定的情感。禅所追求的正是这种"无特定情感"的最高体验，亦即"淡"的韵味。

自此之后，所谓"韵"或"韵味"便压倒了以前"气势""风骨""道""神""格"等等，成为更突出的美学范畴。王渔洋的"神韵说"，便是它的最后成果。这里的"韵"，也不再是魏晋时代的"气韵""神韵"，而是脱开了那种种刚健、高超、洒脱、优雅，成为一种平平常常、不离世俗却又有空幻深意的韵味，这也就是冲淡。冲淡的韵味，正是通过这"镜花水月"式的空幻的美的许多具体形态，展现在艺术中的。它们大都是：有选择地描绘非常一般的自然景色来托出人生—心灵境界的虚无空幻，而使人玩味无穷，深深感慨。它的特色是如前面所说的动中静，实中虚，有中无，色中空。只有这样，才能有禅意和冲淡。

> 僧家竟何事，扫地与焚香。清磬度山翠，闲云来竹房。身心尘外远，岁月坐中忘。向晚禅堂掩，无人空夕阳。（崔峒《题崇福寺禅师院》）①

这是一幅异常普通而相当写真的寺院和尚的生活图画，但通过结尾两句所透露出来的，却是某种淡远而恒久的韵味。"无人空夕阳"，多么孤独、宁静、惆怅和无可言说。一切都没有了，只有淡淡的夕阳光在照着。难道这就是"在"吗？中国后期诗画中，常常讲"无意为佳"，它不仅是指创作中的无意识状态和无意识规律，而且也是指这种摆脱了一切思考、意向、情感、心绪的审美境界。它

---

① 沈德潜编：《唐诗别裁》卷十一。

不也就是这个禅意的世界吗？它真正领悟了那本体真如了吗？它就是那永恒之谜吗？不知道。但诗人艺术家们总是要去追求它的踪迹。"亭下不逢人，夕阳澹秋影"，是倪云林的诗情，也是他的画境，这里即是"冲淡"：在极其普通、简单的萧瑟秋景中，你似乎可以去接近、去"妙悟"那永恒的本体。但若要真正去把握领会它时，它却不见踪迹，"握手已违"了。这就是为什么倪云林的画所描写对象总是最普通的茅亭竹树，却与前述王维、苏轼的诗一样，具有非常感人的艺术效果。

柳宗元有首著名的诗："渔翁夜傍西岩宿，晓汲清湘燃楚竹。烟销日出不见人，欸乃一声山水绿。回看天际下中流，岩上无心云相逐。"苏轼说："熟味此诗有奇趣，其末两句虽不必，亦可也。"①

到底最后两句要好呢，还是不要好？哪样味道更足呢？

从截然斩绝的禅机锋利说，从"浓烈的见性成佛"的顿悟棒喝说，似乎以不要为好。去掉后两句，意在言外，截然煞住，符合禅境。苏轼也许就是从这角度看的。但是，如果从上述最高境地的"淡"的韵味说，似仍以不删为佳。因为柳的末两句远非蛇足，"回看天际下中流，岩上无心云相逐"，有这两句更加韵味悠悠，盎然不尽，真个是"心灭境无侵"，它直指那个"无心"的本体世界。它更加冲淡、平远和意味无穷。柳宗元不是不会作"禅机激烈"的诗文，像同样著名的"千山鸟飞绝，万径人踪灭。孤舟蓑笠翁，独钓寒江雪"，便是"人境俱夺"，说得斩绝的。

又一则评论说："余观东坡和梵天僧守诠小僧，所谓'但闻烟外钟，不见烟中寺。幽人行未已，草露湿芒履。唯应山头月，夜夜照来去'。未尝不喜其清绝过人远甚。晚游钱塘，始得诠诗云'落

---

① 释惠洪：《冷斋夜话》引。

日寒蝉鸣，独归林下寺。柴扉夜未掩，片月随行履。惟闻犬吠声，又入青萝去'。乃知其幽深清远，自有林下一种风流，东坡老人虽欲回三峡倒流之澜，与溪壑争流，终不近也。"① 这个故事几乎与删柳诗同一机杼，即原（惠诠）诗更从容不迫，随遇而安，东坡却过于人为，执意追求，未必自然，反失禅意了。这是否说明这位坡老仍然更多保留着儒学精神，虽参禅却"悟而未悟"呢？但，又恰恰是这个"悟而未悟"的东坡真正代表着吸收了佛学、禅意后的华夏美学。

一个关于苏轼的故事说："东坡老人在昌化，尝负大瓢行歌田亩间……馈妇年七十，云：'内翰昔日富贵，一场春梦！'坡然之。"② 苏轼似很欣赏和满意于这种评论，在自己的诗作中把这个实际表达了他的看法（人生空幻）的"老媪"叫做"春梦婆"。袁枚曾说东坡少情，大概也是指他由于对人生的彻悟，才没有如屈原那样执著的热情吧？但就是这个已经看透一切的苏轼，也仍然唱着："谁道人生无再少，门前流水尚能西。休将白发唱黄鸡""酒酣胸胆尚开张，鬓微霜，又何妨""休对故人思故国，且将新火试新茶。诗酒趁年华"……仍在强打精神，乐观奋斗。它是向儒、道的回归，而这一回归却又更加托出了人生无意义的悲凉禅意。这种无意义反转来给"人还是要活的"以一种并非消极的参悟作用，使人的心理积淀更丰富而深沉了。

禅宗祖师慧能本来自民间，其僧徒也多下层百姓，但经上层士大夫接受后，宗教性的成佛祈求日渐化为这种审美性的人生参悟。这种从宗教向审美的转换，正是儒、道传统渗入而产生的结果，也

---

① 周紫芝：《竹坡诗话》。
② 转引自颜中其编注：《苏东坡轶事汇编》，岳麓书社，1984，第217页。

表明由禅向儒学的复归。所以《美的历程》要以苏轼作为代表来表明这点：

> 这种整个人生空漠之感，这种对整个存在、宇宙、人生、社会的怀疑、厌倦、无所希冀、无所寄托的深沉喟叹，尽管不是那么非常自觉，却是苏轼最早在文艺领域中把它透露出来的。……也许，只有在佛学禅宗中，勉强寻得一些安慰和解脱吧。正是这种对整体人生的空幻、悔悟、淡漠感，求超脱而未能，欲排遣反戏谑，使苏轼奉儒家而出入佛老，谈世事而颇作玄思；于是，行云流水，初无定质，嬉笑怒骂，皆成文章；这里没有屈原、阮籍的忧愤，没有李白、杜甫的豪诚，不似白居易的明朗，不似柳宗元的孤峭，当然更不像韩愈那样盛气凌人，不可一世。苏轼在美学上追求的是一种朴质无华、平淡自然的情趣韵味，一种退避社会、厌弃世间的人生理想和生活态度，反对矫揉造作和装饰雕琢，并把这一切提到某种透彻了悟的哲理高度。(《韵外之致》章）

如前所说，这哲理不是佛理的思辨，更不是庄周的雄文宏论、重言厄言，而只是某种心灵境地和生活韵味。苏轼不是佛门弟士，也非漆园门徒，他的生活道路、现实态度和人生理想，仍然是标准的儒家。他的代表性正在于，吸收道、禅而不失为儒，在儒的基础上来参禅悟道，讲妙谈玄。也可能正因为此，苏轼尽管为极少数的恪守正统教义的儒家理学家所不满，但始终是当时和后世广大知识分子所喜爱、所欣赏、所崇拜的天才人物。他的人格、风格使人感到亲切自然，易于接受，他比其他任何人似乎更能从审美上体现出儒家哲学"极高明而道中庸"的最高准则。

有趣味的现象是,宋明理学的高潮时期也大体是中国山水画的高潮时期。哲学思辨与艺术趣味的这种同步,是否说明其中有贯通一致的东西呢?这是一个尚待深究的问题。从美学看来,两者同是上述这一精神特征的表达。在宋明哲学,道德理性与生命感性的"天人合一",建构了"属道德又超越道德""准审美又超审美"的本体境界。山水画则以形象化的境界,同样展现了这个"天人合一"。在中国山水画中,尽管人物形象是小小的,甚至看不大清楚,但他们既不表现为征服自然的主体,却又并不是匍匐于自然之下的鸡虫,如果没有这些似乎是小小的樵夫、渔夫、行客、书生,大自然就会寂寞、无聊、荒凉、恐怖。所以,山水画虽然没有去表达人的功业、个性,也没表达神的人格、威力,它表达的似乎只是人与自然的和谐,但这和谐却不只是乡居生活的亲密写实,而更是一种传达本体存在的人生的境界和形上的韵味。这是与大自然合为一体的人的存在,是人的自然化和自然的人化的统一。尽管它已不仅是道家,而且有禅意,但又仍然是回到人世,从属儒、道的禅。即使是倪云林的不画人的山水,也仍然以这种儒道互补式的"天人合一"的韵味和境界吸引、感受和打动着人们,只是他的"亭下不逢人,夕阳淡秋影",使空幻的禅意可能更浓一些罢了。

创作和欣赏山水画的,主要并不是出家的和尚或道士,而仍然是士大夫知识阶层。"士"是一般的知识分子,"大夫"可说是知识分子兼官僚;他们都经过儒家的教育和训练,是儒学所培育出来的。这些知识分子面对山水画,体会和感叹着自然的永恒、人生之若旅、天地之无垠、世事的无谓,而在重山叠水之间,辽旷平远之际,却又总有草堂半角,溪渡一张,使这审美领会仍然与人世相关。世事、家园、人生、天地在这里奇妙地组成对本体的诗意接近。于是,对热衷仕途的积极者来说,它给予闲散的境地和清凉的心情；对悲观遁世的消极者来说，它又给予生命的慰安和生活的勇气。这，也许就是山水画的妙用所在吧！这所谓"妙用"，不又正是儒、道、释（禅）渗透交融而仍以儒为主的某种方剂配置吗？苏轼词云："我欲乘风归去，又恐琼楼玉宇，高处不胜寒。起舞弄清影，何似在人间。"还是带着那妙悟禅意，回到人间情味和人际温暖中来吧，这里即有实在，有本体，有永恒。

（本辑摘自《华夏美学》1988）

第五辑 理性的神秘与美育代宗教

语言是存在之家？

问：你的人类学历史本体论谈论了认识论、伦理学、美学，对宗教却很少论说，今天想请你谈谈。

答：《历史本体论》《论实用理性与乐感文化》（下简称《实用》）谈了一点，没做展开。但我所有论述大都如此：点到为止。

问：宗教还是谈得太少。

答：基督教、佛教都是教义复杂、内容深邃，其中有争议极多的艰深课题，外行怎敢贸然闯入。现代宗教社会学和宗教心理学也如此。要做通俗化的一般论议，就更难了。

问：人们说任何学理特别是哲理，只有真正融会贯通了以后才能通俗化。好像Kant也这么说过。你近年好像在走这条路？

答：不敢说"真正融会贯通"，而是衰年不得已也。《论语今读》是中国传统注疏体，答问是宋明语录体。哲学本是从对话、答问开始的，属于意见、观点、视角、眼界，而非知识、认识、科学、学问。通俗的问答体可以保持论点的鲜明性、直接性，不为繁文缛节所掩盖。当然，也如我所说，难免简陋粗略，有论无证，不合"学术规范"。但有利总有弊。也许，利还是大于弊吧。《朱子语类》不就比《朱文公文集》更重要，影响也大得多吗？

问：这倒是个有趣问题，值得开发。

答：既然学者们崇拜西方，这里抄两段外国名人的话：

> 由此看来，"主体"与"客体"均是形而上学，它们早在西方"逻辑""语法"形式下霸占了对语言的解释。今天我们才开始发现其中被遮蔽的东西，语言从语法中解放出来以进入更实质性的建构，留给了思的诗性创造。（Heidegger, *Basic Writings*, P. 194）

> 当哲学家使用字词——"知识""存有""主体""我""命题""名称"——并且想抓住事情的本质时，我们必须时时问自己：这些字词在一种语言中，在它们自己的老家中是否真的这样使用？——我们要做的是把字词从形而上学的用法带到日常用法。（Wittgenstein：《哲学研究》，汤潮、范光棣译，北京三联书店，1992，第116页）

也可以说，这都与"通俗化"有关。"通俗化"不是一个肤浅问题，它要求把哲学归还给生活，归还给常人，又特别是宗教问题。但他们两人又都没这么做，他们的书仍然是非常难懂的"哲学"著作，既无诗情，也与日常生活和日常用法无干。虽然Wittgenstein启迪了人们对哲学语言进行仔细分析。

问：他们都谈论语言，二十世纪可说是广义的语言哲学的天下，在英美，分析哲学便统治了数十年。

答：Wittgenstein的名言，对不可言说的便应保持沉默。但他仍然言说了好些不可言说的，如宗教。他强调宗教并非理知认识，而是一种激情信仰。这激情和信仰可以改变人的生活方式。Heidegger那句名言"语言是存在之家（房屋）"，大概可做多种解说。在我看来，"语言是存在之家"的"语言"实际是超越人类语言的"语言"，是那个"太初有言"的"言",是耶稣基督。从而存在的家园,是上帝,是宗教信仰。当然,那个"言"(the word)是动态性的说话。它转成希腊的logos而"道成肉身"即耶稣。这里面有好些深邃奥妙的问题,我无力多涉。应注意的是,"存在"(Being)由此也是一动态性的过程或开展,将之与中国"生生之谓易"即becoming(生成、变易)相比较时,不能忽视这一点,即使有Parmmides的"不动的一"的渗入。Being尽管不必全非物质性(Heidegger的Being如我以前所强调,就决不是纯精神性的),但比起中国becoming的明显物质性来,其精神的超验一元性仍相当突出。Heidegger是无神论者,后期讲天地神人,最后说了"只还有一个上帝能拯救我们"。语言是公共领域,所言说的主要是有关人类公共认知的事务和事物。只有超越它,回到那个"太初有言"的"言",才能找到真正属于个体自己的归宿体验。Wittgenstein或Heidegger之所以比分析哲学家如Carnap等人高明,正在于他们肯定和保留了这个形而上学的宗教信仰和感情问题。中国禅宗强调只有排除概念和超越语言,才能真正悟到"佛祖西来意"。20世纪60年代K.T.Fann(范光棣)写过一本讲Wittgenstein与禅的书,曾颇有影响。

问:那么公共语言就不重要了?

答:非也。恰好相反。如我以前所强调,语言绝对不能只在人们交往、沟通的视角下去了解,而是要特别注意它的语义产生在使用—制造工具的人类实践活动中。语言通过语词(概念、观念)语句(判断、推理),将混沌的经验、记忆,整理、安顿和保存起来,传流下去,是人类历史的保存者和储存器,也是内在人性能力的对象化和符号化。它与物质工具一起,形成了"人禽之别",成了人之所以为人的实证产品。这也就是"太初有为"(参阅拙作《论语今读》)→"太初有言"(此"言"乃人类语言,而非上帝之言,非

"道成肉身"的耶稣)→"太初有字"(参阅拙文《中华文化的源头符号》)→"太初有史"(参阅拙文《说巫史传统》)的"太初有道"本身的道路。《圣经》的"太初有言"是神的动作、创造、道路,中国传统的"太初有为"是人的动作、创造、道路,即以创造—使用工具为本体存在基础的生活和生存。人的语言把人的动作、创造、道路、生活和生存保留起来,传给后代。只有在这个意义上,语言或可说是存在之家,是语言说人而非相反,因为人的生存延续就存在于这个人类的经验记忆的历史性之中,满载着历史经验的公共语言,成为人的生存、延续即"人活着"的基本条件,但它毕竟不是"人活着"本身。

另一方面,这种公共语言,这种满载经验、记忆的历史性的语言,却又常常不能成为个体感情—信仰所追求、依托的对象。人们所追求依托的恰恰是超越这个有限的人类经验、记忆、历史的某种"永恒""绝对""无限"的"实在""存在""本体""神",认为那才是人所应有的归宿和家园。"语言是存在之家"在这里便是超越公共语言的"语言",即神。今天谈宗教信仰,主要是讲后者。

问:这问题涉及对个体来说便是"生活本义"或"人生真谛"究竟何在的问题。是在语言的理性、认识,还是在超语言的情感、信仰、神?你讲人性能力,又讲人性情感,其中的关系如何,似乎也与这问题有关?

答:这都是非常复杂的问题。一言难尽,一书也难尽。

问:那么,最简单化地谈谈。

答:简单化也就是大而化之,窥其概貌。但也得分好几个层次或问题来谈。

问:仍然从你较少谈及的宗教和信仰谈起吧。

答:宗教和信仰是理性的还是感性的,就很复杂。各宗教都有各种不同派别，有各种不同论说。但信仰很难用理性（理知推论）来论证，则实际是普遍特征。刚才已说，Wittgenstein强调宗教信仰无须理性思辨或论证，它只是情感问题。情感当然是感性心理的重要部分。人类学历史本体论曾认为Heidegger的贡献在于突出了"心理成本体"，便包含这个意思在内。拙文《谈"恻隐之心"》则特别强调了脑科学，寄希望于它的未来发展，期望有一天脑科学通过神经元的通道、结构等等，来实证地解说人的许多心理，其中包括人性能力的认识（理性内构）、伦理（理性凝聚）、审美（理性融化），也包括有关宗教信仰的感情问题亦即有关"神"的某些问题。

问：这是牵涉心物（脑）一元或二元的古老哲学难题。

答：人类学历史本体论当然持心脑一元论，认为任何心理都是脑的产物，包括种种神秘的宗教经验。没有脱离人脑的意识、心灵、灵魂、精神、鬼神以及上帝。科学地、实证地研究非语言所能替代的人的各种情感、感情、经验，十分重要。Wittgenstein便研究、讨论了好些心理词语。在二十世纪，"反心理主义"占了主流。所以我提出反"反心理主义"。

问：你多次说神秘经验是宗教信仰的"底线"，各宗教包括具有宗教性的儒学也如此。各种"启示""顿悟""良知""当下呈现"……都可纳入这个范围。未来脑科学真能解释吗？

答：我相信可能。这当然也是一种信念，但它有一定经验依据。记得二十世纪六十年代美国某大学便曾用毒品引起的幻觉实验，来验证西藏《死亡书》载述死后灵魂游走的神秘经验。一二百年后，我想脑科学完全可以解说甚至可以复制今天看来十分神秘的某些宗教经验。人类学历史本体论所讲的"自然的人化"（经由社会文化所后天建立的神经元通道和结构）和"人的自然化"（通由气功、瑜伽等实现人与宇宙节律相呼应的等等神秘现象），期望都能在未来的脑科学中得到确认和解答。各种宗教关于"良心"（内）"恩典"（外）各种深奥繁复的教义和论证，实际上最终仍然落脚在神秘经验上，成为情感——信仰的真实基础和"底线"。

问：看来你是个科学主义者？

答：我不是什么"科学主义"，但也确不同于现代大哲如Heidegger等人反对和贬低现代科技。我仍然对之寄予厚望。尽管现代科技潜藏着毁灭整个人类的极大危险，为人类历史所从未曾有，但我以为只要重视历史，讲究生存，可以相信人类终能掌握住自己的命运，特别是对人的头脑进行了深入研究之后。

问：研究脑对掌握人的命运相关？

答：人对自己的确了解得太少，二十一世纪至二十二世纪恐怕应该成为核心研究对象，这不但对人们生理健康，而且由于对人的思想、情感、行为、意识，也包括宗教情怀和神秘经验做出实证的科学了解，便非常有益于人类和个体去掌握自己的命运。最近我读Gerald Edelman的书，极感兴趣。这位当代神经科学大家继承了W. James和J. Piaget的路向，从脑科学即神经科学（neuroscience）出发，强调意识（consciousness）绝非实体，而是大脑神经元沟通、交流的化学动态过程（process），也就是我以前所说动力学的"通道""结构"。这个"过程"也就是"通道""结构"的建立。这个"过程"一停止运作，意识、心灵、灵魂就不再存在。如中国古人所讲"油尽灯枯""形谢神灭"。一些宗教教派也承认这一点，即并没有独立的不朽的灵魂。这里重要的是，这个化学动态"过程"即此"通道""结构"，并不是逻辑（logic）的语言设定，而是多元、偶发的选择性的模式建立。即使孪生婴儿，各种先天因素和DNA异常接近，但他们神经元的动态过程、通道、结构却仍然独一无二，彼此不同，即具有个体的选择性、偶然性，此即历史性。这正是我所强调的"个性"所在。大脑所产生的意识并无前定程序,不是逻辑机器,而是偶发、多样的时空历史的结构产物。偶然性和积累性是人的历史性存在的特征,不管外在或内在,群体或个体,社会或头脑,宏观或微观。动物的偶然性和积累性在基因变异和种族遗传中,人类的偶然性和积累性在以语言为主要载体的文化和教育中。人类学本体论在科学上赞同G. Edelman等人脑科学所承续的Darwin路线。

问：但你在《己卯五说》里说到硬件、软件。

答：这里要澄清一点,那只是个譬喻,譬喻总是跛脚的。要避免一种误会,把人的意识看作是电脑软件的程序设计,我没有那种意思。我非常赞同Edelman的看法：一方面,意识非独立实体,它只是大脑实体的功能,并不神秘；另一方面,人脑并非电脑,意识不只是逻辑程序,它不是千人一面的固定的软件设计。但Edelman还没对人性能力、人性感情等等做区分,没指出认识、伦理与审美—宗教感情在脑神经元结构、通道、过程中的重要差异和各自拥有的具体特征。脑科学还处在婴儿阶段,这些问题的解说至少是五十年至一百年以后的事。

问：你所说的"人性能力"与"人性情感"的区分究竟何在？

答：以前已经多次说过。其不同在于：作为认识（理性内构）和伦理（理性凝聚）的脑神经的通道、结构的特征,是后天社会文化的规则、要求作为理性主宰、束缚、规范,钳制着动物性的感性；而作为审美（理性融化）和宗教感情的脑神经通道、结构的特征,则是后天社会文化的理性规则、要求,融入、渗透、交织在人的动物性的感性中,从而它的感性和情感（个体生理欲求、动力）因素更为突出。（其中,许多宗教教义由于与伦理道德规则紧密相连或混为一体,其中理性主宰的状态又极为突出。）当然,所有这些

"融化""主宰""渗透"等等都是些无力、含混的日常语言的形容词句，只有未来脑科学才能用确切的科学术语和命题来描述它们。今天哲学所能表达的只是这样一种视角、观念和期望罢了。

问：这里一个问题是：脑科学所处理的是人类普遍性的结构、通道，并不涉及个人的思想、感情。

答：不对。上述Edelman强调的，恰恰是脑通道、结构由个体选择性的动态过程所产生的千人千面式的功能。拙作《历史本体论》指出文化心理结构亦即"积淀"有三个层次，即人类的、文化的、个体的。积淀论还反复强调，个体因为先天生理不同和后天教养不同，即使同一社会文化所形成的个体心理的"积淀"和"情理结构"仍大有差异，它表现在认识上和道德上，更表现在审美感情和宗教体验上，即不仅表现为"人性能力"的不同，也表现为"人性情感"的差异。"普遍性"的文化心理形式，只能实现在各个不同的个体的选择性的过程、通道、结构中。

问：这也是个哲学问题。

答："一室千灯。"世界只是个体的。每个人各自拥有一个属于自己的世界，这个世界既是本体存在，又是个人心理；既是客观关系，又是主观宇宙。每个人都生活在一个特定的、有限的时空环境和关系里，都拥有一个特定的心理状态和情境。"世界"对活着的人便是这样一个交相辉映"一室千灯"式的存在。所以，很难在公共的语言中去寻找个体的家园。家园各自在个体的心灵里，在你、我、他的情理结构或积淀里。如前所说，艺术的意义就在于它直接诉诸这个既普遍又大有差异的心灵，而不是只具有普遍性的科学认识和伦理准则。艺术帮助人培育自我，如同每个人都将有只属于为自己设计但大家又能共同欣赏的服装一样。

问：这是否说，科学（认识）和伦理（道德）培育塑造人性能力，审美和宗教不仅培育塑造人性能力，而且还培育、塑造人性情感？

答：当然这也只是相对而言。要注意的是后者更为复杂多样。审美—艺术经验可以有千百万种。宗教经验，也是千差万别，从"肤浅"的或可以言说的信仰、感情、激情到难以言说、不可理解的"与神同一""与天合一"等神秘经验，便颇不相同。就是这个"与神同一"也千差万别，它们也常常是"独一无二"的。所以禅宗说"悟"要自己去寻得，没有一般的途径或普遍必然的法则可循，更不是通由语言所能解说或得到。

问：为什么说神秘经验或神秘感情是宗教的底线？

答：这就是一开头所说的，因为宗教信仰不是以理性的知识，而是以感情经验为依据，我称之为通向上帝的"感性神秘之道"。神秘经验尽管已有许多概念、认识因素掺杂在内，但仍是以个体情感的感受、体验、"启示""顿悟"为最后依据。虽然并非每个信仰者都能获得，正如"奇迹"少有一样。正宗教派和教义经常摒斥神秘主义和神秘经验，但实际上各宗教的被宣传和被信仰，却大都是以这种非理性的情感体验来作为基础的，所以说是"底线"。

问：感情本身是否理性的？

答：情感、理性这些词都是日常语言，含义混杂，已有好些专门论著讨论过，有的专著还说情感本身即理性的（rational）。动物族类的基本情感（怕、爱、怒等）都是为了个体和族类生存，它们通由生存竞争的进化过程而产生并遗传，都是"有理由的"或"合理"。这样的"理性"一词当然不在我的用法之内。把所有情感和本能都说成是"理性"的，"理性"一词也就没有什么意义了。人们常说"没有无缘无故的爱，没有无缘无故的恨"，即感情中有理性的动机、动力或基础，但它们至少又可以分为有意识的（自觉）或无意识的（不自觉）。人作为动物，与动物有相同的基本情感和生理本能，如上述的惧、爱、怒等等，但人作为人，这些动物生理性的情绪、情欲、情感等本能也已有理知认识因素的渗入，而且人还有如耻、罪、忠等等认识—伦理等理知因素渗入更明显而为动物所无的情感和感情。又如感情常常与感觉（sensation）紧密相连，但两者并不能等同，许多疼痛便只是生理（动物）性感觉而并非社会性感情。

问：这完全是心理学的问题了，我们不谈。还是回到宗教信仰本身吧。你认为它的前景如何？

答：以前总以为科技和文明越发达，宗教信仰会愈减弱，其实不然。宗教原先是作为群体性的社会文化现象，来自社会群体为维护自己族群的生存延续而产生，宗教社会学对此有大量的研究论证。但现当代以来，社会生活的不确定性、偶然性急剧增大，个体愈益感到命运不可预测和难以掌握，宗教信仰作为个体掌握命运、规划生活的需求便日趋突出。而物质文明的畸形发展，人们感到精神生活的苍白贫困和无可寄托，使人们对人生意义、生活价值以至永生不朽等等的探寻追求也大为增强。其中，所谓"追求不朽"就包括了怕死的因素。现代生活使个体生存意识突出，怕死也越来越突出。总之，**人活着怕死、难以掌握命运和探寻人生意义，这三点使宗教信仰在今天不是越来越稀薄，而是越来越强大、浓烈**。虽然因社会、政治、文化传统的差异和变化，宗教信仰的形式可能改变，具体宗教信仰可能更多样更分散，但人觉得相信点什么才好活下去，才能活得更"踏实"，却可能越来越普遍。有如Unamuno所说，"信仰上帝首先是渴望有上帝存在"。有"上帝"存在，你才感到你的生活、生命、人生有意义，有保障，有嘱托，有依归。Wittgenstein说："我们可以把上帝称为人生的意义，亦即世界的意义。""祈祷就是思考人生的意义。""无论如何，在某种意义上，我们是有所依赖的，我们所依赖者则可称为'上帝'。"至于这个"上帝"，可以是耶稣基督，可以是安拉真主，可以是佛祖菩萨，可以是众多神明。

问：但即使就个体说，精神追求外，仍然有现实功利的方面。

答：是这样。关于精神拯救或追求，下面还要谈。世俗功利则本是宗教之所由。至今许多人信仰神明仍然是为了治病防灾、求财祈福、保平安、求健康等等。

问：但上面你说怕死是宗教的起因？

答：宗教是种社会现象，起因并非个人怕死，而是群体生存的需要。但就个体心理说，人们追求各种不朽，从最简陋的肉体复活到最精微的灵魂拯救和名声不朽，如中国传统的"三不朽"，又都有这"怕死"因素在做底色。死亡逼出了存在，死亡逼出此在来敞开存在。人都有死，却希望长生。"活下去"是一种比食、色还要强大的动物本能。当这动物本能呈现在人的意识层面后，便产生了"不朽"观念。人生本渺小、有限，追求去接近或投入那个永恒、无限便成为人们不断思索、感叹、追求、探索的课题。就中国说，"物—志—礼—乐—哀"（郭店竹简）的深沉理论，欢乐中不断提示死亡的汉代宴席挽歌，《古诗十九首》"出郭门直视，但见丘与坟""万岁更相送，圣贤莫能度"的感慨万千和无可奈何，魏晋名士"木犹如此，人何以堪"，服药行走追求长生而不断失败，都表现得十分鲜明直接。白居易诗"……早出向朝市，暮已归下泉。形质及寿命，危脆若浮烟。尧舜与周孔，古来称圣贤。借问今何在，一去亦不还"。白居易历尽富贵荣华、显赫声名之极，世俗功利已无可求，但就是解决不了这个死亡问题而惶恐不安，再三咏叹。在世俗功利之外的对宗教信仰的感情正由此起，儒家不谈生死，便使佛教在中国得到了广泛传播。埃及有大量木乃伊追求复活。基督教说，人有原罪必须死亡，只有信神才能得到灵魂不朽甚至肉体复活。所有这些，也是围绕着这个死亡问题旋转。但真能解决问题吗？仍然不能。

问：你引过Einstein，说根本没有什么"不朽"，不管是"灵魂"还是"肉体"，也包括"名声"。万年以后，今天再大的名声也少人知晓，你也引过Heidegger，说不朽只是骗人的，都是因为怕死之故。

答："三不朽"表现出人想战胜死亡的努力，即以道德、事功、著述战胜死亡。这都是以群体的理性意识得出的论断，来解决个体肉体生存永久活下去的本能欲望。由于有死和由于"人活着"本身的有限、无能、软弱和不确定，使人易于从感情上和信仰上接受这些，特别是去追求、去依附至大至高无限无极的不朽的人格神，以获取生活意义，求得人生安顿。有如《美的历程》所述说，人的渺小塑造出神的伟大。最伟大的当然就是与人迥然异质、绝对主宰和超越经验的唯一神——"上帝"。

问：于是这在理论上、思辨上就造就成神与人、超验与经验种种复杂问题。

答：基督教有"耶稣二性"（神性与人性）、"三位一体""道成肉身"的各种解说、争论、辩驳、冲突、禁令、讨伐，甚至杀戮。在现代强调神人绝对不同，"上帝"是全然的异者（"Wholly other"，如Karl Barth）即"神人不一"，和以人的宗教体验为核心及出发点的自由派神学（所谓神学Kant的Schleiermacher）即"神人不二"之间的矛盾、争论便如此。

问：于是折中的办法就是"神人不一又不二"了。而折中式的摇摆于不一不二之间，更可以有多种形态，发展出了各种复杂的神学理论。

答：实际上仍然是重重悖论。它仍然不是理知或理性所能解决的问题，仍然只能归结于信仰—感情的状态或样式。

问：Martin Buber提出了"自失"与"自圣"的缺点错误。

答：这也涉及感情本身的状态。我在《实用》文下篇"情本体"中说过，有形形色色的神秘经验和感情体验，可以有"客体上帝进入主体"即相当于"自圣"，或"主体投入客体"即相当于"自失"，这种种体验、感受都是"使人获得某种超越了自我的渺小、软弱和有限的感情心理状态。或自我净化，或罪孽消失，从而或兴奋狂喜，或恬静祥和，或战栗恐惧，或敬畏欢欣，也或由之而失常癫狂"。各宗教通过苦修、顿悟、瑜伽、念咒跳舞等等方式获得的这种意识状态，被认为"通神"，即超出现存经验世界，成为"真实存在""终极状态""原初样貌""本体境界"。

问：你多次提及，好些宗教以肉体痛苦换取这种状态取得精神安适或欢乐，中国较少。为什么？

答：我以为这是一个文化史问题，它与中国文明"早熟"性的"巫史传统"有关。即"巫"的早熟性的理性化，将原始巫术和宗教所共有的许多来自动物性的迷狂、自虐、恐惧等因素排除、溶解了。当代对施虐狂、受虐狂的实证研究说明，以肉体痛苦求快乐与某种动物生理欲求有关。某些宗教教派把这种动物生理性的倾向、欲求用观念、思想将之理论化，成了一种反理性的信仰、主张和情感。而在中国长期农耕社会和高度秩序化的礼治下，许多动物性的欲求、感受包括这种追求肉体的痛苦，被长期压抑、排斥、消除掉了。中国古代就没有遗留下像希腊神话或《圣经·旧约》那么多的狂暴、恐惧、孤独和情欲宣泄等等非理性、反理性的故事、史迹及其感情遗产，替代的是庄严肃穆、浑浑噩噩的《尚书》政令和温情脉脉、"怨而不怒"的抒情篇章（《诗经》）。以至后代讲求"天人合一""与神同一"的最高境界,也以不伤生毁性而是以平宁愉悦、秩序感受为特色,颇不同于以鞭打身体、缩食断色、自残自虐、极度折磨,包括渴求拯救却不可确知而极度焦虑和紧张等等,总之使灵肉、身心激烈冲突所造成感情的矛盾、动荡、痛楚、苦难来获取净化和"圣洁"。中国没有"沉重的肉身"问题,相反,而是在肯定这个物质性的生存世界,肯定这个"沉重的肉身"的重生、庆生基础上来追求精神的超越或超脱,这也就是以"天地境界"为最高情感心态和人生境地的审美主义传统。

天地境界

问：审美主义传统？

答：平和、恬淡、宁静而又刚健、坚韧、"日日新"的阴阳互补的精神动态。它的前提或设定不是一个与人异质的精神性的上帝，而是一个虽至高至大无与伦比却与人同质的"宇宙—自然的协同共在"，即"天地"。

问：这也就是你所说的可敬畏的"物自体"？

答：是也。我说的"物自体"实际也就是中国传统的"天地"。这"天地"或"宇宙—自然的物质性的协同共在"并不是一堆蠢然无知的物质死物，而是具有动态性"规律"的存在。所谓"协同共在"即"规律性"之意，但不是任何具体的规律、法则。敬畏这个外在的具有规律性的"天地"是非常重要的。《论语今读》中的"16.8记"认为宋明理学弃畏讲敬，不符合儒学原典，曾引用钱穆的话："畏者，戒之至而亦慧之深也。禅宗去畏求慧，宋儒以敬字矫之，然谓敬在心，不重于具体外在的当敬者，亦其失也。"寥寥数语，我以为比牟宗三讲述中国传统的万千语言更为到位。

问：你上面认为，"语言是存在之家"，与"太初有言"有关。但你又说在中国，不是"太初有言"而是"天何言哉"，不是"天主"（God）而是"天道"。如何说？

答：这次谈话是从宗教信仰说起的，因此这里我要讲"畏"的重要性。以前我老讲在中国"人道"即"天道"，今天我则要讲"天道"又并不能等同于"人道"。"天""地""人"三才，"天""地"毕竟大于"人"。依据中国古典，"人伦"高于鬼神却低于"天道"（参阅《大戴礼记·本命》）。只是这"天道"并不是那能具体地发号施令、有言有语的人格神天主（"上帝"），而是"天何言哉"却又"四时行焉，百物生焉"，具有协同共在规律性的神明行走。这种"天地"即"天道"，即"神意"。

问：为什么要强调"天道"不能全等于"人道"，而且要"畏天道"呢？

答：今天强调"畏天道"（亦即"畏天命"。"天道""天命"同具非人格、不确定的特征，在此可互换使用，下同），就是强调要进一步突破中国传统积淀在人心中的"自圣"因素，克服由巫史传统所产生的"乐感文化""实用理性"的先天弱点，打破旧的积淀，承认、烦惑、惶恐于人的渺小、有限、缺失甚至罪恶，以追求包含着紧张、悲苦、痛楚在内的新的动态型的崇高境界，使"悦志悦神"不停留在传统的"乐陶陶""大团圆"的心灵状态中，而有更高更险的攀升；使中国人的体验不止于人间，而求更高的超越；使人在无垠宇宙和广漠自然面前的卑屈，可以相当于基督教徒的面向上帝。正因为"上帝死了"，这种"畏天道"便具有人类普遍性，而不止于中国。宗教在这里便可以成为审美感情的最高状态。"畏天道"成为"人的自然化"的最高要求和"情本体"的终极境地。所以它恰恰又是中国传统在今日走向世界的发展昂扬。

问：你在《历史本体论》里说过"怕"，认为"天道""并不完全离开'我活着'这个感性生命的存在者，却又并不完全等同于你—我—他（她）的全部总和，这就是乐感文化的神"，"那灿烂星空、无垠宇宙,秩序森然,和谐共生,而自我存在却如此渺小,不怕吗"(第3章第2节)等等。

答:我在《实用》文里也强调:"宇宙本身就是上帝,就是那神圣性自身。它似乎端居在人间岁月和现实悲欢之上,却又在其中。人是有限的,人有各种过失和罪恶,从而人在情感上总追求归依或超脱。这一归依、超脱就可以是那不可知的宇宙存在的物自体,这就是'天',是'主',是'神'。这个'神'既可以是存在性的对象,也可以是境界性的自由;既可以是宗教信仰,也可以是美学享(感)受,也可以是两者的混杂或中和。"(下篇)《历史本体论》一书扉页引用了Einstein,《实用》文说"Kant相信这个'神',Einstein相信这个'神',中国传统也相信这个'神'",指的都是这个非宗教又准宗教性的审美主义的感情—信仰的"神""天道"或"天地"。这种感情—信仰状态也就是"天地境界"。

问:所以你经常把美学和宗教连在一起提,认为后者是前者"悦志悦神"的最高层次,它们都属于感情?

答:是也。宗教情怀浓重的Wittgenstein经常把W. James的《宗教经验之种种》放在案头。他重视的不是某种具体的宗教教义,而是宗教感情。Kant、Einstein等人也这样。只是他们这种感情却自觉或不自觉地受着犹太—基督教传统的笼罩,而仍与中国人有所不同。

问:通由感情,审美与宗教是相通的,构成重要的哲学部分或内容?

答:所以我说美学是第一哲学,它是中国人的"世界观"。这里我愿引用赵汀阳的一段话:"我们看不到世界本身,但可以选择某种世界观……按照人性的感性偏好去想象的有着优美秩序、有条有理的世界图像,这就是明显的美学选择。世界图像的优美秩序不可能被证明是真还是假，但按照美学观点所想象的世界观却是思维的基础。""美学的真正主题是整个世界，是整个感性生活，而不是艺术……人的感性生活最终要落实为'乐山乐水'诸如此类的天人关系中……这一中国式的'宏大美学'被李泽厚认为才是真正的美学。"①

问：这不就是你在《实用》文中特别强调的不可知的"物自体"的观点吗？

答：我在该文中以"美学作为第一哲学"与"物自体"问题作为上、下篇的两处终结，其含义就在指出：宇宙—自然作为总体超越于人的认知，人对宇宙的经验（包括天文学家）也总是有限的。关于宇宙总体只能是一种理论推论的设想和假说。因为就总体说，宇宙—自然超出因果范围。因果只是人从感性经验世界中通由实践所产生形成的概念和范畴（见《批判哲学的批判》一书及《实用》文）。宇宙为何存在本身超出了这个范围，所以是不可理解的。Wittgenstein说"神秘的是世界就如此存在着"，我以为就是这个意思。宇宙存在和在根本上会如此这般的存在（即这存在为何在根本上具有规律性，即我说的"协同共在"）是不可以用理知去认识、解说的（至于可经验的宇宙—自然存在的具体规律性，则是人的发明或"发现"，即可认识解说的）。Kant由"二律背反"走向不可知的"物自体"的深刻性，我以为也在这里。这是"理性的神秘"，即不是理知（概念、判断、推理）所能处置对待的"神秘"。它不同于上述感性神秘的宗教经验。但可以引发更深刻的敬畏感情和信仰体验，也可以与"感性的神秘"即神秘经验相沟通会合。Kant的物自体是一个非常烦难复杂的问题。《批判》一书做了专章探讨。概而言

---

① 《改变"观看"的方式》，《读书》2007年第2期，第126–128页。

之，作为经验对象的复数的物自体，很适合于Engels等人的批判，但作为单数的物自体，这种批判就显得十分浅陋和不得要领了。因为这个单数的物自体实际说的是，这个总体物质世界（即这个宇宙）为何存在是不可知的，这也就是Wittgenstein所说，"神秘的是这个世界就如此存在着"。这也就是我说的"理性的神秘"。它不可认知，无法解答，而属于审美—宗教范围。

问："理性的神秘"？

答：所谓"理性的神秘"，指不是通由理知的推论所能认识，但理知推论可以设想和思考其存在，也就是Kant说的"不可知之，但可思之"。"上帝"作为理性的先验幻相便属于这一范围。

问：那么，你承认或信仰"上帝"？

答：非也。但这里我首先要提及的是中世纪经院哲学家Anselm对上帝存在本体论的理性证明。1952年我读到它时感到震惊，觉得了不起，比宇宙论、目的论的理性证明强多了。"上帝"当然没法用理性证明，从Kant到Wittgenstein讲得很清楚。Anselm的证明是错误的。但他的这个证明本身似乎简单却异常精美，很有逻辑力量。他说：上帝既是人人心中都有的一个至高存在，所以它必然存在，否则就自相矛盾（不是至高至上、无与伦比了）。

问：许多人早就驳斥过Anselm，说你想象你口袋里有一百元钱，并不等于或包含你口袋里真有一百元钱。

答：这恰恰误解了Anselm。Anselm讲的是无限的未可经验的"上帝"，不是任何可经验的有限感性对象。这些经验对象设想其存在而实际不存在是完全可能的；但那个至高的"上帝"，按Anselm却不可能在人心中不存在，所以它就必然客观地存在。

问：这与你何干？

答：Anselm的"上帝"以"人人心中都有"的"经验"做支

撑，但并非古往今来且不分地域、文化、年龄的"人人"都有此经验。所以这推论的前提不能成立。《历史本体论》的"天地"或"宇宙—自然物质性的协同共在"，则是以人人均有的有限时空经验做支撑，从而前提和推论便都可以成立。即是说那个有言有令的精神性实体存在的"上帝"并非"人人心中都有"的经验，而物质性的有限时空却是人人都有的经验。因之，历史本体论所推论应"敬畏"那人赖以生存的不可知的"物自体"，亦即"世界如此存在着"，便具有真正的客观社会性，即Kant所谓的普遍必然性。**"理性"与"神秘"本是相互排斥的，这里所谓"理性的神秘"，指的只是由理性而推导至，不是理性所能认识和解答的某种巨大实体作为敬畏对象的感情存在，而仍然不是理性认识。**

问：你的这个"上帝"是物质性的"天地"，但有人以为中国传统的所谓"天地境界"只是低级的"自然境界"。

答：冯友兰《新原人》早讲过二者相似而根本不同。"自然境界"只是一种生物本能式的生存境界，"天地境界"恰好相反。当然，你要进一步推论，认为这个无垠宇宙是由某种人格神如基督教所讲的全知全能的"上帝"所创造，也是一种并无经验支撑的逻辑可能性。也的确是这种逻辑可能性，在基督教传统的历史和心理的支配下进入感情，使直到当今西方的许多大科学家、哲学家仍然相信"上帝"，更不用说一般老百姓了。

问：在你看来，这个"理性的神秘"所推论的神明高于"感性的神秘"（即宗教神秘经验）的神明？

答："感性的神秘"或神秘经验可以由未来的脑科学做出解说、阐明，甚至复制，它的"神明"也就很难存在，变得并不神秘。"理性的神秘"却不是脑科学和心理学的对象，也不能由它们来解答。"世界如此存在"不是神秘经验即不是"感性的神秘"，而是由于超出因果等逻辑范畴从而理性无由处理和解答的"神秘",这大概是永远不可解答的最大的神秘,也是将永远吸引着人们去惊异、感叹、思索的神秘。感性神秘经验不具普遍必然性,经常只是极少数人能感受或获得,无法普遍证实。几大宗教之所以有各种经典、教义,就因为"感性神秘"难得又期望人们接受信仰,从而才做出各种理性的推论证明,使之具有"普遍必然"。但从理性上恰恰没法论证信仰,没法论证超验的精神实体即"上帝"人格神的存在。所以也才有"正因为荒谬,我才信仰""不理解才信仰""信仰之后才能理解"种种说法。

问:既不承认人格神的"上帝",那么,又何谓"理性的神秘"中的"神明"呢?

答:所谓"理性的神秘"中的"神明"也就是说宇宙—自然本身就是神明,它既不是超宇宙—自然即宇宙—自然之上之外的神明,如基督教的"上帝",也不是以任何局部自然如风雷雨电为神明,如原始宗教。更不是说宇宙—自然由于"神明",它的各种具体变化和历史演进无由解释,而只是说它的总体存在无由解释。这个无由解释的、不很确定而又规律性的行走就是"神明"。

问:所以这便与你的"以美启真"联系起来了。

答:《实用》一文中的上篇就是将"以美启真"与这个不可知解的"物自体"相接连,认为作为总体的宇宙—自然的规律性存在是人们信仰的对象,各种具体的规律的存在如何得来,则是人通由自己的"度"的实践从而"创造"出来的。其中,不只是逻辑和理性,而且人的感受、感情、想象都起某种重要作用。如《实用》一文所强调,这才是解说Kant的"先验想象力"(亦即是创造性想象)的关键所在,也正是"以美启真"的核心。前引赵汀阳文说,是人赋予宇宙—自然以优美的秩序。但这"秩序"并非是纯然主观任意，所以才有"美"与"真"的关系、个体感情与理性真理的关系问题。这才是奥秘所在。而这又并不只是认识论、科学发明发现问题，而且有存在论（本体论）的深沉意义在。

问：这是个深奥甚或神秘的问题。

答：去年读到当代大数学家Michael Atiyah一篇讲演稿，讲数学是"发明"而不是"发现"，人的特征是在千万可能性中按美的规律去选择（香港《明报月刊》2007年第2期）。这与我认为数学是感性操作抽象化后的独立发展和"以美启真"相当合拍，也与这个"神秘"问题相关。而人们之所以经常把"发明"当作"发现"，正是由于感情信仰的需要。Plato的完满的理式世界之吸引人，也以此故。这就是宇宙—自然的"神明"。

问：你在《实用》文中说："庄周梦蝶还是蝶梦庄周这个老大难问题的回答，是必须有宇宙—自然与人有物质性的协同存在这个物自体的形而上学的设定……这个作为前提的必要的设定以审美情感—信仰作为根本支持。"（上篇）这如何讲？

答：我在排列中国"十哲"中，把庄子名列第二。原因之一就在他有这种高度智慧和思辨能力。至今你也无法用理知推论来否定整个人生—宇宙不过是"蝶梦庄周"的一场空幻。佛家之所以能打动人心，也在于此。而**"宇宙—自然物质性协同共在"之所以更具优胜性，如上所说，在于它以每个人都有的时空经验为依托。这所谓经验依托的缘由却仍然是"人活着"这一历史性的存在**。"理性的神秘"以及它生发出深刻的敬畏以及神秘感情，可以使"人活着"更具意义和力量。即使你设想这经验、这"活着"也不过是一场梦，是"空"或"无"；但你却仍然得把这个"空"或"无"不断地继续下去。即使人生短促、生活艰辛、生存坎坷、生命不易，从而人生如幻、往事成烟、世局无常、命途难卜，不如意事常八九，但人却仍然是在努力地活下来活下去。佛教来中国，转换性地创造出"日日是好日""担水砍柴，莫非妙道"的禅宗。这即是"天地境界"：即使空无也乐生入世，何况有那个协同共在的天地，人生便并不空无而是充满了历史的丰富。"逝者如斯夫，不舍昼夜"（《论语》），"及时当勉励，岁月不待人"（陶潜），不需要去追求另个世界，这也是我把孔子排在"十哲"第一的原因。

问：记得你说过，宗教天堂的构思不仅虚幻，而且乏味。

答：当然，这是一种世俗性的对佛教、基督教的想象和理解。实际上，"灵魂"本身就是一个多义的语词和复杂的问题。它也可以理解为非实体性的精神超越或增进，从而也就并不脱离物质的肉体而独存，这样灵魂就不能不朽。但就许多宗教信徒说，尽管《圣经》讲肉体复活，一般却较难相信常人肉体的永生、复活、不朽，从而灵肉分离、灵魂不朽，成为所期望的情感—信仰寄托之所在。但没有了肉体，也就没有食色欲望和由此产生的种种矛盾、冲突、爱恨情感和理解。一切十全十美，圆善完满，实际上恰恰是同质、单调、极其贫乏无聊的。脱此苦海，舍此肉身，在满堂丝竹尽日笙歌的西方净土变式的佛家乐土或上帝天国中纯灵相聚，无爱无恨，无喜无嗔，即使天长地久，又有何意味？没有肉体生存，所谓"精神生命"才真正是苍白的空无。真乃"我欲乘风归去，又恐琼楼玉宇，高处不胜寒。起舞弄清影，何似在人间"，即使"人有悲欢离合，月有阴晴圆缺"，甚至充满苦难悲伤，也比那单调、同质的天堂要快乐。一切幸福和不幸，其意义和价值都在发现人的历史生命，都在实现、丰富和发展现实的人性能力和人性感情。"富贵福泽，将厚吾之生也，贫贱忧戚，庸玉女（汝）于成也"。（张载《西铭》）这才是生命超乎自然、功利、道德的意义。其实基督教、佛教一些教义也如是说，只是儒学不设超验，使这一点更突出了。

问：精神生命本身不也可以丰富多彩吗？

答：上面已说，丰富多彩的精神生活恰恰是由现实世间人际的物质生活所引起、所发生、所造型、所成长。离开了人世间物质性肉身的种种事件、经验，即历史所造成的一切感觉、感情、思想、意愿等等，心如止水，一波不兴万物同一，也许有某种特别的神秘愉悦，但那神秘愉悦又能维持或保存多久呢？瞬刻可以永恒，但毕竟只是瞬刻。即使这"瞬刻"可以是冥想、入定的数小时，但也只是漫长人生的瞬刻而已。人毕竟摆脱不了这个沉重肉身的物质存在，除非去自杀。只有死才是无的圣殿。

问：那么这种你所说的"瞬刻永恒"的顿悟感受就是不重要的虚幻感受？

答：不然。这"顿悟"或神秘感受更容易使人进入"天地境界"。尽管山还是山，水还是水，一切如常，生活依旧，却因境界不同，对待生活（包括精神与物质两个层面）、处理事务，便不一样。我在《中国古代思想史论》里已讲过了。

问：如何说？

答："瞬刻永恒"是我讲禅宗时说的，它是一种"感性的神秘"，即神秘地经验到自己与"神"与"天地"合为一体。就中国说，它源始于远古"诚则灵"的巫史传统，但这并不是进入"天地境界"的必要条件或充分条件。

问：那么"天地境界"是"感性的神秘"即神秘经验还是"理性的神秘"呢？

答：宋明理学，包括现代新儒家冯友兰、牟宗三对此交待得都很不清楚。实际上可以两者俱是。但神秘经验也是别的宗教所追求的，如前所说，其种类繁多。特别是许多宗教教派的神秘经验经常要求通由自虐、苦修、疲乏其心智而后获得。儒家对待自虐、苦行等修为持守和对待奇迹、天启等神秘现象一样，都很少谈论。儒家大讲的"孔颜乐处"，即"天地境界"，大都是从理性角度讲的某种较持续、稳定的心境，情态，体验。当然，有好些也就是神秘经验，如孟子和阳明学讲的"与天地万物合为一体"，"上下与天地同流"等等。但它们最终仍落脚为一种基于道德又高于道德，而与宇宙万物相合一的感情所产生的较长久、稳定的生活心态和人生境界。

至于人类学历史本体论所讲的"天地境界"，则承续这个中国传统，不强调神秘经验，而是由上述"理性的神秘"所开出的一种不执意世间事物的广阔、稳定、超脱的感情，心境，状态。它包括孔子的"无可无不可"，庄子的"真人""至人""神人"，后世的"孔颜乐处"，特别是它开展为对世间人际的时间性珍惜，即展开人的内在历史性，由眷恋、感伤、了悟而承担。它不同于受佛教深重影响偏于宁静、空无、持敬的传统的"孔颜乐处"，而更着重于理性与感性之间活泼泼的现代紧张关系和永远前行的生命力量。它是通由历史感悟的时间性珍惜，有意识和无意识地对生命的紧紧把握和展开。

问：这似乎有点Nietzsche的味道，"上帝死了"是Nietzsche喊出来的。你不是一向不喜欢他吗？

答：对，我一向不喜欢。因为他的基本特色是强调毁灭，要人从毁灭中崛起做超人。所以Nietzsche右派如Heidegger、Schmitt走向Hitler、法西斯主义，Nietzsche左派Foucault、Deleuze便是无政府主义。他们所鼓吹、赞赏的都是由放纵进而否定、破坏和毁灭的收获、"生成"和快乐，是标准的当代反理性主义。人类学历史本体论则一方面重视理性的严重缺失和局限，指出理性只是工具；但另一方面又坚决维护这个作为工具的理性，认为它是人类历史所建造的伟大人性能力和心理成果。即使面对废墟、毁灭、死亡，不能只是快慰、昂扬或激奋，而该有敬畏和感伤。敬畏、感伤曾经在那里生发过的人的生命，那曾经有过的活泼泼地奋斗着的人生。应在否定和毁灭中再次肯定人的历史性存在。我以为可以从这个角度去读中国诗文里的名篇佳作，去深刻领会那时间性的珍惜。

感伤中的神意

问：时间性的珍惜与"天地境界"何关系？

答：我在《历史本体论》强调说明过，"我意识我活着"是人"活着"的本意，而"意识"总是一定时（时代）空（社会）、因果中的历史产物，并由知识—权力所操纵，从而追求超越摆脱它们，进入一个超时空、因果、知识、权力的"永恒""绝对""真实""本体"，即完全甩掉人的历史性便为许多宗教和哲学所追求。但即使通过神秘经验等方式所获得超历史的"瞬刻永恒""与神同在"，毕竟又并不能持久长驻，仍得回到这个"我意识我活着"的世间现实和历史中来。如何办？就中国传统和历史本体论来看，与其寻觅这种绝对的"超越"，便不如深刻认识人生的悲剧性（均见《历史本体论》），从历史的暂时性绽开历史积累而走向开放的未来以安顿此生，不仅在认识上而且在情感上双重肯定人是历史的存在。于是，内在的历史性情感便成了时间性的珍惜。既然"天地境界"不只是超越，而是超越而又走入人间，时间性珍惜的内在历史感情就成为必要的中介。

问："天地境界"一词你取自冯友兰，你和他有何区别？

答：二十年前我说过，冯的贡献不在《新理学》，而在提出"自然—功利—道德—天地"四境界说的《新原人》。冯晚年也有同样的说法，但由于他的哲学是"接着"程、朱讲的plato式的"理世界"体系，他讲的"天地境界"便受此体系基本观点的笼罩制约。尽管他的"天地境界"不是基督教的天启、神恩，而是宋明理学的"孔颜乐处"；尽管他也强调在日常生活中尽伦尽性就可以超越道德，达此境界，但由于缺乏"人活着""情本体""形式感"等现实支撑，便一方面，如冯所自承，进入神秘主义，并把这种较持续稳定的生活心境和人生境界与"瞬刻永恒"的感性神秘混为一谈；另一方面，由于没有上述物质性的本体论支撑，便很难使这"境界"具体落实到世间人际。冯不谈宗教，却不能以"美育代宗教"，不能张扬中国哲学特征的审美主义，特别是未能阐扬其与历史主义交融所形成的人的情感。中国审美主义的感情以深植历史性为"本体"，而非追求绝对的超验。同时，我以为这"四境"应任人选择，不必定出高下，强人所难。我还是"两种道德论"的观点。宗教性道德主要依靠情感教育，所以也才有"以美育代宗教"。

问：与理本体（程、朱、冯友兰）、心本体（陆、王、牟宗三）不同，你的这个"宇宙—自然物质性协同共在"是否与中国传统的气本体有关？

答：可以说有承继关系，因为都重视物质性的生命存在。但仍然根本不同。"宇宙—自然物质性协同共在"不是"太虚即气"（张载）之类的宇宙论和理性主义道德论。它着重的只是理性设定所引发的准宗教性的感情—信仰。感情当然也与"气"（物质、物质生命力）有关，但它主要是从人的主观心境、状态方面来讲的人生境界。张载所谓"为天地立心"，这"心"在人类学历史本体论便不是理性道德的心，而是审美—宗教的心，也就是Einstein讲的对宇宙的宗教情怀（cosmic religious feeling）。它不是"自然境界"的物欲主宰，也不是道德境界的理性主宰，而是理欲交融超道德的审美境界。从而它不是理性的宇宙论,而是人间的情本体,即人所塑建的自己的存在。

问:你说基督教有神指引的奋斗拯救,中国则是无所凭依的悲怆前行。因此中国的"天地境界"的神明和你这个"情本体"又有多大能量?

答:我不知道。我只说过更艰难、更悲苦,但也许更快乐。因为这快乐不只是纯精神,而且也包含物质生活。中国传统是"乐感文化",包含物质和精神两个层面。既然灵魂不能上天,身体不可复活,生命不能不朽,在这区区有限的渺小人生中,到底如何安顿自己?寻找自己?确定自己?这不只是精神层面,也包括物质层面。《论语今读》强调"立命",讲的也是这两个方面都要由自己去选择和决断。

问:但你那个"天何言哉"的"物自体"("宇宙—自然的物质性协同共在")能如别的宗教中的"神灵""上帝"那样指引和启示人们物质层面的现实生活吗?

答:这涉及超验理想(理念)与经验世界如何联结的问题。其实,如果与许多宗教以精神性的实体(上帝)作为超验存在相比较,人类学历史本体论以"总体的宇宙—自然协同共在"作为超验理想,其与经验世界的联结要顺当得多。前者需要依靠既定的教义语言如《圣经》和追求难得的神秘"启示"来联结。当代虔诚教徒、已被封圣的Mother Teresa,便自承非常苦恼于祈祷无效,听不到上帝的声音,得不到他的指示。从而,"信"还是"不信"? Dostoevsky更是一直处在怀疑上帝是否存在的折磨之中。而"天何言哉"的宇宙—自然由于与"四时行焉,百物生焉"和"国、亲、师"同属于一个世界,并不异质,便更自然地获得了经验的规范和要求,并随社会时代由历史积累而灵活变迁。这就正是以前我所再三强调的"天道",即"人道"的方面。

问：如何说？

答：对许多宗教来说，仰望上苍，是超脱人世；对中国传统来说，仰望上苍，是缅怀人世。"念天地之悠悠，独怆然而涕下"（陈子昂）的宇宙感怀，是与有限时空内的"古人"和"来者"相联结的。因而，从"天道"即"人道"说，人既是向死而生，并不断面向死亡前行，与其悲情满怀，执意追逐"存在"而冲向未来，就不如认识上不断总结过往经验，情感上深切感悟历史人生，从人事沧桑中见天地永恒，在眷恋、感伤中了悟和承担。"怕见春归人易老，岂知花落水仍流"（某咏《红楼梦》诗），"山花落尽山常在，山水空流山自闲"（王安石），"自其变者而观之，则天地曾不能以一瞬，自其不变者而观之，则物与我皆无尽也"（苏东坡）。**人都要死，活长活短，相差也就是几十年，而终究都要消失于这不可解的宇宙—自然的"常在""自闲""仍流"之中。如其牵挂、畏惧、焦虑、思量重重，就不如珍惜和把握这每一天每一刻的此在真意。**我以前一再提及"从容就义"高于"慷慨成仁"，就因为后者只是理性命令的伦理激奋，而前者却是了悟人生、参透宇宙、生死无驻于心的审美感情。

问：Schopenhauer讲审美时生命意志（Will to live）暂时消歇。你把审美感情也摆得这么高？

答：这正是从孔老夫子到蔡元培、王国维、鲁迅提倡的"美育代宗教"。当然，从宗教社会学看，实际上替代不了。过去、现在、未来都仍然有许多人信仰各种宗教。但既然总有些人不信，不去跪拜"上帝""鬼神"，在心理需求上，"天地境界"的情感心态也就可以是这种准宗教性的"悦志悦神"。这也就是对天地神明的宗教性的感受和敬畏。审美在这里完全不是感官的快适愉悦。所以说中国的"美学"不能译成aesthetics。在这里,"空而有"的"空"不是"无",是看空了一切,"万相皆非相"之后的"有",它并未否定感性。从而"空而有"才能成为超越死亡的"生存"和无所执著中的执著。看似平平淡淡、无适无莫,甚至声色犬马、嬉戏逍遥,却可随时挺身而出、坚韧顽强、不顾生死、乐于承担。仍然在特定的"有"中去确认和实现生命的意义和人生的价值,去解决"值得活吗"的人生苦恼和"何时忘却营营"与"闲愁最苦"的严重矛盾。(参见《历史本体论》)陶渊明、文天祥都是这样的人物,尽管表现形态不同。所以,"以美育代宗教"在宗教社会学的某种意义上,也可以说是以儒学代宗教。虽然儒学或"以美育代宗教"仍然容许人们去信奉别的宗教,因为它始终没有"上天堂"的永生门票。

问:你曾以山水画中的"平远"与"高远""深远"来比拟中国审美与西方宗教,这有点意思。这也就是你说的"以美储善"?

答:超乎"I will(ought to)"的"I like to"。

问:什么?

答:宋明理学讲"乐是乐此学,学是学此乐""功夫即本体""盎然生意"和"道在伦常日用之中",它们不只是道德境界,而更是审美的天地境界。这种境界所需要的情感—信仰的支持,不是超越这个世界的上帝,而是诉诸人的内在历史性,即对此世人际的时间性珍惜。它充分表现在传统诗文中,是中国人的栖居的诗意或诗意的栖居。

问:但你这个"宇宙—自然物质性的协同共在"也只是逻辑的可能,如你所说,逻辑的可能可以导致先验幻相。

答:本来就是先验幻相,我说过先验幻相有积极的一面,即鼓舞人去生存。"上帝"作为先验幻相便如此。只是我这个先验幻相比"上帝"与人世关联得更紧密、更直接,也更丰富。

问：你在伦理学中强调儒家传统讲的"爱"是由动物血缘情感的提升和理性化,而不是基督教的爱是"上帝"的理性指令,也与此相关?

答：这就是我说的"更直接更紧密更丰富"。它恰好展示作为中国传统的"上帝""天地"以其物质性与人间血肉更自然地联结在一起。并且还不只是"联结在一起",而是天地神明就行走在"国、亲、师"之中,它构成了神圣的历史和历史的神圣。"天地"之下是"国"。"国"是什么?乡土。全球化使世界缩小为"地球村",从而整个地球成为人们亲爱的、不可污染损毁的乡土,这本来就是从你所居住、生长、关怀的那片土地、家园和"国家"生发出来的。"亲"是什么?是以血缘亲属为核心的人际关系。如《实用》文所说,"孝"之所以是"天之经,地之义",就是指它不只是人间关系,而且具有神圣性。"儿今远归来,无米亲亦喜",如此朴素亲情,做儿女者读来应可震撼心魄。它又岂只是道德?人际关系也如是。即使隐居的修女、避世的和尚,也仍然生活在人际关系之中,人际关系是无所逃于天地之间的。从而处在这个人际世界中的生的牵挂(烦)死的烦惑(畏),便是人的本真宿命。刻意追求逃脱,使人生变为一张白纸,既不可能,也恰好不符行走中的天地神意。"师"是什么?是人赖以生存的经验、记忆、知识,即历史。经验构成历史(暂时性、偶然性),历史(沉积性)保存经验。历史不仅是有限经验的时空,而且更是积累和沉淀的心理。历史的记忆使我成为我,使人类成为人类。正是历史性的"国、亲、师",使不可知解的"宇宙—自然物质性协同共在"具有了坚实丰满的承续。这与上帝造人又逐出乐园再寻求拯救相似,却又迥然不同。这便是"巫史传统"的人性感情的历史内在性之所在。人间情爱由之可以上升为信仰。梁山伯祝英台可以变成一双蝴蝶——永远遨游的不朽符号。"悲欢岁月，唯有爱是永恒的神话。"（流行歌曲）此爱不一定非"圣爱"不可，凡夫俗子世间人际的爱，也可以因历史和记忆而永恒常在。《历史本体论》说："你有过（当然有过）突然梦醒时不知你是谁身在何处的感受吗？这正是'我意识我活着'的意识的暂时消失。于是你（我）很快把它找回，以延续我活着的'我'，即把我又重新放进某个具体的客观时空条件下面做出认同。"（第3章第1节）所以说，人是历史的存在，是活在这具体的"时空条件下"以及对它们的意识之中，而这具体的时空条件下"又是延续以前的产物"。没有过去就没有现在，没有历史就没有我（人）。对"在时间中"的时间性珍惜的感情成了认同、抚慰、激励"我意识我活着"，即人活着的自我意识的重要动力。朱熹说："只此青山绿水，无非太极流行。"有两首非常著名，水平、境界也相似的元曲："孤村落日残霞，轻烟老树寒鸦，一点飞鸿影下，青山绿水，白草红叶黄花。"（白朴）"枯藤老树昏鸦，小桥流水人家，古道西风瘦马，夕阳西下，断肠人在天涯。"（马致远）都极美，但后者流传更广。**为什么？更珍惜历史性的此在之人际存在。"古道西风瘦马"早不再，人生漂泊不定却长存。此即在历史情感中唤醒和建立起自己。**

问：你在《美的历程》和《实用》文中也认为陶潜、杜甫、苏东坡、曹雪芹高于张若虚（《春江花月夜》）、刘希夷（《代悲白头翁》）。

答：这即是在"人生无常感空幻感"与"人生现实感承担感"多种复杂的组合配置中后者胜出。如《美的历程》所说，陶、杜像成年人，由于对世事人情深刻实在的卷入（这是人的现实生存和生活所必然导致），比张、刘如少年时代的人生空幻却并无历史的青春感叹来得更为深沉厚重，所谓"而今识尽愁滋味，却道天凉好个秋"是也。它涵存历史苍凉的"空而有"，更具神圣份量。

问：你对陶潜一向评价很高。

答：我最近读到《顾随诗词讲记》(中国人民大学出版社，2006年)，颇为惊喜与自己的看法大量相同或相似。顾也极赞陶潜，说应将传统杜甫的"诗圣"头衔移给陶潜，"若在言有尽而意无穷上说，则不如称陶渊明为诗圣"（第85页），再三再四地说陶诗"平凡而神秘"（第80页），老杜"是能品而几于神，陶渊明则根本是神品"（第85页），等等。**陶诗展示的正是中国"天地境界"的"情本体"，伟大而平凡，出世又入世。"把小我没入大自然之内"**（第86页）而并未消失，仍然珍惜于世事人情，"伤感、悲哀、愤慨"（同上）。不只是陶诗，顾对许多诗词的欣赏评论也与我接近，如盛赞曹（操）诗、欧（阳修）词。"对酒当歌，人生几何，譬如朝露，去日苦多""人生自是有情痴，此恨不关风与月……直须看尽洛城花，始共春风容易别"，都是既超脱又入世，一往情深，"空而有"。

问：所以中国诗文中大量"空自流""空自在"等等的"空"都应作"空而有"解？

答：它们是面对永恒自然，来不断提示人的渺小、死亡、有限和了无意义，此即某种历史性的感伤，亦即时间性的珍惜。"青山依旧在，几度夕阳红。"（《三国演义》）"长空澹澹孤鸟没，万古销沉向此中。看取汉家何事业，五陵无树起秋风。"（杜牧）物是人非，再大的功绩事业也如此。但尽管如此，如前所说，人又还得活下去，还得去"创造历史"。于是，以宇宙感怀与人世沧桑交互浸透的感情来超越历史的暂时、偶然和有限，这种"天地境界"就不是冷漠无情、摆脱世界来"与神同一"，而是深情感慨、奋力生存的"天人合一"。从而诗意的栖居或栖居的诗意，就并非无情无绪、一事不作、一念不起、一尘不染，那恰恰失去了人生的诗意和生活的境界。所以，"朝与仁义生，夕死复何求"（陶潜），"哀鸣思战斗，迥立向苍苍"（杜甫），"竦听荒鸡偏阒寂，起看星斗正阑干"（鲁迅）。

问：你在《实践美学短记》中特别提到鲁迅《野草》中的《过客》。

答：其实很可以把它与Heidegger讲Van Gogh农鞋的著名文章做比较，可惜没有人做。

问：你来做这对比。

答：这需要长篇大论，我做不了。

问：那就简单说说。

答：Heidegger是无神论，但有基督教的心理历史背景。农鞋走在虽开放却僵硬的石路上，永远单调、孤独、困苦、艰辛。因之，努力排斥非本真的世俗生活，"先行到死亡中去"，以投向那无底深渊的"空"。它引动的是高昂的激情、强大的冲力、苦痛的牺牲和诱人的死亡：只有生命才可以走向死亡，奋勇地走向死亡才是生命的最高决断。鲁迅则仍然是中国"空而有"的传统，尽管同样困苦、艰辛，但所斩荆披棘的是现实世界的具体事物、环境，身旁的是温暖的真挚的挽留、关爱，追求向往的是世事人情的现实花环，展示而珍惜的是由它所开拓出的世上真情。一由孤独、恐惧而追求有魅力的死亡和苦难，一由眷恋、感伤、了悟而承担具体的现实，走向的是多层次的世俗生存和人间情爱。"宛然目睹了死的袭来，但同时也深切地感着生的存在。"（《野草》中《一觉》）"我爱这些流血和隐痛的魂灵，因为他使我觉得是在人间，是在人间活着。"（同上）

问：你说过"无"是人想出来的，本来只是"有"。"无"产生于对自己肉体消失的自我意识，从而推论和感受世界的"无"，一切的"无"。

答：基督教是：上帝创世，无中生有；中国儒学是：大易本有，有先于无。就人类学历史本体论说，"有"即是宇宙—自然协同共在而具神圣性。因而，不是"无"而是"有"——"无"——"空而有"才使心灵丰富人生丰富，才能在根本上构建起人的"诗意栖居"。我以前曾不断引述过好些诗词来表达这一点，强调实现个体潜能、细腻人的感情从而享受（感受）你这独一无二的人生，即是生存本义。它不是道德（伦理）和认识（知识）所能替代。它也不同于宗教，只能归属美学。

问：你讲过艺术的意义和价值就在于此。

答：美学不能归结于研究艺术，但艺术之所以在美学中占有突出地位，却在于此，即在培育、发展人的个体特性（能力和感情）上的极大可能性，而不是伦理教训或理性认识。同一感伤，《历史本体论》曾引白石词、《桃花扇》、渔洋诗说其不同。顾随书也说"冯延巳、大晏、六一，三人作风极相似，而又个性极强，绝不相同……冯之伤感沉着（伤感易轻浮）；大晏的伤感是凄绝，如秋天红叶；六一的伤感是热烈（伤感原是凄凉，而欧是热烈）"（第106页）。"极相似"而又绝不相同，这种种丰富细腻感情的价值便是建立在肯定而不是否定（贬低、轻视）这个人际世界的基础之上。它能感受却难以明白道出那超越语言的诗情画意，正是可通天地参化育的"情本体"的生存实在，这是在情感中建立历史，而不同于Heidegger那高超却空洞的时间性和历史性，"树影到依窗，君家灯火光"（《人间词》），"四野无人，一天有月，如此他乡""守到黄昏，上来红灯，又是今宵"（《灵芬馆词话》）或恋情依依、温柔敦厚，或孤寂荒芜、强颜欢笑，开拓出的都是执著于生活历史的一片真情，黛玉情情，宝玉情不情，远胜惜春的六亲不认，也迥然不同于《卡拉马佐夫兄弟》中的阿廖沙，这才是充满时间性珍惜的人的世

界。正是:"太空冥冥不可得而名,吾以名吾亭。"(苏轼:《喜雨亭记》)

问:但中国诗文缺少基督教那种圣洁、纯净、惨厉、深邃等感情。

答:前面讲"畏天道"已说过了,中国文化心理结构可以吸收同化它们来补充和丰富自己,但这将是一个漫长的行程。而首先要了解其同异。基督教讲"信"——"因信称义";中国讲"诚"——"至诚如神"。前者来自《圣经》,后者来自巫史传统。由两者生发出来的情欲关系、情理结构、感情状貌的相同、相似、相通和相异之处颇值仔细分疏。《论语今读·19.1记》曾提出,"回顾儒门所宣讲之基本概念或范畴如仁、礼、学、孝、悌、忠、恕、智、德等,以及本章提及之义、敬、哀、命,与基督教的基本概念或范畴如主、爱、信、赎罪、得救、盼望、原罪、全知全能等相比较",特别在感情—信仰以及其间关系、结构相比较,其中便大有文章,可惜迄今也没能做。就中国说,仍以陶渊明为例,从"云无心以出岫,鸟倦飞而知还。景翳翳以将入,抚孤松而盘桓"的"生",到"荒草何茫茫,白杨亦萧萧。严霜九月中,送我出远郊……向来相送人,各自还其家。亲戚或余悲,他人亦已歌"的"死",这里没有生死宣扬,没有轮回业报或末日审判,一切自然而然,眷恋感伤,重生安死,这大概也就是"诚者,天之道也;诚之者,人之道也"(《中庸》)吧。

问:如何讲?

答:"诚"就是真诚、真实。在思想感情和行为中真诚、真实于宇宙—自然及世事人情,不仅对死亡,而且也在日常生活中,不狂妄自大(自圣),不虚假造作(自失),这也就是"毋意、毋必、毋固、毋我""为人谋而不忠乎,与朋友交而不信乎,传不习乎"

(《论语》)。对人、对事、对友、对己、对生、对死都坚持真诚、真实。念天地之久长，感一己之渺小，慨人生之无常，知死亡之必有，于是在感受自然和处理人事中去找寻意义，确定自己，珍惜这个"情本体"的生命实在，好德如色，焉能不诚？

问：你曾讲"诚"来自巫的神明，是巫史传统特征之一。

答：对。"诚"本是巫术礼仪中的接受或出现神明时的神圣感情。巫术礼仪必须与参与者的真实无妄的感情连在一起，后者是这种活动的必要条件。以后被儒家将之不断理性化、道德化、内在化，而成为对人的品格和感情的基本要求，《中庸》讲"不诚无物"，后世讲"诚则灵""精诚所至，金石为开"，在这里，仍然是"诚"与"神"通。王国维把感伤无已、非常真诚的后主词说成"有担负人类罪恶意"，亦此义也。

问：在你过去的文章中，内在方面是"诚"与"仁"相联结，外在方面是"巫""史"与"礼"相联结，认为这就是中国的神明——"天道"所在。

答：上面已说，历史分为有限时空经验的暂时性和不断积累、持续的开放性。后者是生存的本根，具有本体的神圣。所以"神明"才成为行走的"天道"，才是开放的，未曾确定、不可名状的。"阴阳不测之谓神""其为物不二，故其生物不测"。它是玫瑰花（唐诗：自由、活泼、眷恋）也是松槐树（宋诗：谨严、骨力、了悟）。并因之"逝者如斯，而未尝往也"，过去就存活在当下及未来，这就是所谓"过去比未来有更多的未来"、思想史之所以不是博物馆（J. Levenson）、图书馆（B. Schwartz），而是照相册（拙文《中国思想史杂谈》）的缘由，从而对"在时间中"的情感省视成为时间性的珍惜，照相册把被埋藏的历史发掘开拓出来以把握此在，此在因之不再空洞，面向死亡之前行的决断和创造才具体而不抽象或盲目。

问：现代生活中"欲"的问题异常突出，触目所见都是性（Sex）的各种变形或不变形的书写。

答：现代的纵欲、毒品、性放纵、"极度体验"（limit experience），其中包括将精神性注入原始兽性中的"身心陶醉"，与中世纪禁欲一样，并不能解决人生问题。由于放逐了时间性的珍惜，失去过去，现在便成了野兽性的空、无。人类学历史本体论之所以把"情欲论"作为儒家四期的主题，提出"情本体"、理性融化等等，正是面对这个问题。也因此强调从科学上去探讨生理欲求与社会理性的各种不同比例、不同结构、不同层次的配置组合和构成。人的两性交合的姿态、方式、技巧比动物便复杂丰富（印度《爱经》、中国房中术等），所得到的生理满足恐怕也大一些，更不用说人类历史使之向感情和精神方面的极大伸展了。吃饭也如此，不只是满足生理性食欲，去除饥饿，它历史性地日益成为"人生一乐"，不但是味觉官能的精细发展，而且更是精神享受的审美愉悦。"绿蚁新醅酒，红泥小火炉。晚来天欲雪，能饮一杯无？"（白居易）理欲交融构成了人性感情，使人是动物却不止于动物。情欲在时间中的暂时性和有限性本是感伤的缘由和起因，但把它存留在时间性的珍惜中，便成了"情本体"的组成部分。

问：这似乎是以历史性的"情本体"的不断发展、展开来窥探宇宙的奥秘，就是你由实用理性和乐感文化生发出来的"审美形而上学"？

答：牟宗三讲道德形而上学，认为宇宙秩序即道德秩序。历史本体论则认为宇宙秩序乃审美秩序，这秩序是感性又神圣的。"采菊东篱下，悠然见南山。山气日夕佳，飞鸟相与还。此中有真意，欲辩已忘言。"什么"真意"？即安顿此在意。"佛是人的潜在情感性的

生长完成，这也就是'美育代宗教'之可能所在，也就是宇宙本身作为物自体的情感、信仰所在"。（《实用》下篇）

问：你的理论是以审美始，以审美终；以"度"的本体论始，以"美育代宗教"终。

答：这也就是在人生和人心中追求合理而不断生存、延续的宇宙秩序（cosmic order）。它并无一定之规，而是在不确定中去发明和建造。其关键和根本点便是"度"。所以《历史本体论》开宗明义讲"度"。它以人在一个不确定的宇宙中建立起秩序为起点，而不依赖于任何外在的绝对精神或上帝、鬼神。建立本身（"度"）便是"宇宙—自然物质性协同共在"的"神意"所在。

问：为什么要"秩序"和"度"？

答：人的外在物质肉体生存需要秩序（order），否则没法生存，内心世界也如此。Gombrich写过一本书《秩序感》讲述美感的缘由。人类学历史本体论曾一再说明，人以生产实践活动对各种形式（平衡、节奏、韵律等等）的感受、把握和运用（进退、起伏、高下、虚实、呼应……）亦即技艺（art），构成"度的本体性"而获得生存、延续。这种形式感受和运用既是物质—社会的，又是心理—感情的。人由于制造—使用工具的度的技艺，使动物性适应环境的"本能"活动变成了"真正的创造"。这也就是"以美启真"的开始，也就是上面讲的存在论（本体论）的开始。即使今日建筑艺术以一种似乎是破坏传统的均衡、对称等形式秩序开启了后现代，也仍然是以一种新的形式感秩序感来参与创造人的现代生存和生活。正如我从哲学上以"客观社会性"替代"普遍必然性"（《批判哲学的批判》），以"度"替代"有"（《历史本体论》），以"情本体"替代"理""心""性""气"（《实用理性与乐感文化》），以不确定、开放、多元来替代确定、封闭、一元一样。Heidegger承认并强调技艺在原初阶段可以得到"技进乎道"的"本生"(Ereignis)快乐。我以为即使在被科技机械统治的今天,科学家们工程师们仍然可以在他(她)们的发现、创造和制作中得到这种快乐。它不只是智慧的愉快,而且是人生的满足,包括其中可以产生参透宇宙奥秘所引发的神秘或神圣感觉。这正是实用理性与乐感文化交会之处。总之,最先出现在制造——使用工具的操作实践的"度"中的"以美启真",建立起"度"的本体性的实在,发展而为"义",为"善",为"以美储善"和"以美立命"。

问:小到手工技艺,大到治国安邦,之所以都可称"艺术",也就是其中有"度"的本体性?这就是栖居诗意的"家园感"?

答:对。在这种形式感中可以安身立命。你没看到好些生活极度困苦艰辛中的古今手工艺者,却可以沉醉愉悦在("乐"在)自己的小小的制作创造之中吗?以此作为人生的寄托和安顿。"此心安处是吾乡",这正是某种本源意义的"以美育代宗教"。

问:在这里,"度的本体性"就与"情本体"联系起来了?

答:对。"情"有许多层次和方面。有与欲望相连的情,有纯智快乐之情,有人世之情,有脱俗之情,有神秘经验之情,有功名利禄之情,林林总总,不一而足。人类学历史本体论所说的"情",根源于度的本体论即在形式感的创造和把握中所产生的与宇宙—自然("天地")的同一感,它是"天地境界"的根基,这"天地境界"虽并不等同于传统的"孔颜乐处",却是它的承继和发展,即均以非人格神的宇宙—自然为人的神圣源起和指归。

问:所以结论仍然是:不是语言,而是对"度"的本体性的创造和感受,才是家园,才是心理—情感的最后安顿处。

答:不是在孤独荒野中呼喊超验的"上帝"——耶稣,而是就在这无所凭依的物质世界和人际关联的艰难跋涉中去创造形式,寻得家园。如1994年我在《哲学探寻录》中所说:"活在对人生对历史对自然宇宙的情感交合、沟通、融合之中……是泯灭了主客体之分的审美本体或天地境界。"

(本辑摘自《关于"美育代宗教"答问》2008)

[附] 邓德隆：中国的山水画有如西方的十字架

读李泽厚先生的书十多年来，常有一种奇妙的体验，李先生著作中散落许多"一句顶一万句"的话语，让我读后掩卷深思，浮想联翩。仅举一例，"中国的山水画有如西方的十字架"（《中国哲学如何登场？》）。我读到这句话就非常震撼。

先引我与安乐哲先生通信中的一段话：

> 安先生，您一直以来立志要向西方传播中国哲学，我认为您的使命对世界（不只对中国）很重要。……学界谈儒家哲学或思想，学者们往往将之等同于古代。实则儒学一直处于消化吸纳外来思想后不断前行的动态之中。汉儒消化吸纳道法、阴阳家，宋明理学消化吸纳了佛家，李泽厚先生吸纳了康德、马克思、后现代、杜威等外来思想后，开出了第四期儒学，从而使儒学在全球化、大生产的时代，再获新的生命力——为人类的普遍性注入中国文化的独特性。

信中提到李先生消化吸纳康德、马克思、后现代、杜威，其实远未说全，比如基督教。"中国的山水画有如西方的十字架"就是消化吸纳基督教两个世界的深邃传统，以永恒的宇宙（中国人的

"天",自然山水为其代表符号)代替永恒的上帝,从而将一个世界观的中国文化注入了在西方只有另个超验世界才有的神圣性。既然缺乏另个超验的世界,那这个充满了尘俗的一个世界的神圣性从何而来?世俗如何可能神圣?这个世界神圣性的文化资源即是本书《由巫到礼 释礼归仁》所揭示出的巫史传统。即经由周公的由巫到礼、孔子的释礼归仁,巫术中的神明就被理性化保存、落实、行走在这个世界之中。

从而,中国文化中的"天",既有自然意,又有主宰意、神圣意。这就可以与西方两个世界中的神圣世界(即超验世界)接头。这一接头,就大大强化提升了中国文化的悲剧性、深刻度、形上品格。改变、丰富、扩展了中国人的文化心理结构,使得中国文化在与基督教文化相遇时(这是儒学的第三次挑战也是最大的挑战,第一次是与墨家、道法家、阴阳家等,第二次是与佛家),能将之包容、消化、吸纳,创造出另一种超越;并不需要神的拐杖,中国文化同样可以达至宗教高度,实现心境超脱,使中国文化不止于为鲁迅所痛批的乐陶陶大团圆,而有更高、更险的攀登。

李先生说:"使中国人的体验不止于人间,而求更高的超越;使人在无限宇宙和广漠自然面前的卑屈,可以相当于基督徒的面向上帝。"这不但让中国文化在遭遇基督教挑战后重获新生,更是为人类创造了一个诗意的栖居地。当脑科学发达到能解释,甚至复制宗教经验,从而打破"感性经验的神秘"(参阅James《宗教经验种种》)后,人类向何处去?人类目前的困境,概而言之即挣扎于一半是机器,一半是动物的生存状态。是继续异化沉沦于机器的奴隶(工具机器如手机、网络,社会机器如国家、工作单位),然后再逃离机器做寻求刺激,纵欲的动物?还是像后现代一般陷入虚无?乃至落入被海德格尔彻底掏空"先行到死亡中去"的无底深渊？

来过中国的读者不难发现，中国人生活的环境，无论居家、办公、酒店、公共场所、私人会所，山水画类似于西方的十字架几乎无处不在。其"功能"即在于助人超脱一己个体的有限、时空、因果，把你带回到大自然当中，脱离俗尘，回归天地，与天合一，实现超脱。尽管大多数人是无意识地装饰或有意识地附庸风雅，但为什么出奇一致地要用山水画而不是其他什么来装饰，来附庸，可见这恰恰是文化心理结构的一种外化，虽然是集体无意识的外化。在这里有对宇宙自然的畏怕，所以人在山水画中非常细小。有畏有怕，才给人以更大的支持解脱力量。

重要的是，人虽细小却不能没有人，人是永恒宇宙的重要部分。这也是来自本书所讲的巫史传统，巫通天后与天合一，是以天大地大人（巫君合一）亦大，永恒的宇宙（天）包含了人，人与物自体的宇宙协同共存，所以天人合一的山水画能让人寻求和实现向永恒宇宙回归。李先生说："这与上帝造人又逐出乐园再寻求拯救相似，却又迥然不同"。

相似的是，人通过使用制造工具实现从宇宙自然中走出（造人），而在自然的人化之后。人又寻求回归自然山水、宇宙家园（再获"拯救"），即人的自然化。不同的是，不需要另个世界的上帝天国……，不需要入黑暗受苦难才能得救，而是通由山水画的启悟，获得当下即得，瞬间永恒的奇妙感受。甚至连这奇妙感受也不是必需，只要你在山水画中体悟天地之永恒，人生之短暂，宇宙之无垠，世事之有限，再大事功，再多苦难无非转瞬间的过眼云烟——"长空澹澹孤鸟没，万古销沉向此中。看取汉家何事业，五陵无树起秋风"（杜牧）。

在这里并没有漠视生存的艰辛、生活的艰难，相反正因为生存不易，人世苦辛，才用山水画时时处处予以消解与慰安——"悲晨曦之易夕，感人生之长勤"（陶潜），"晨起动征铎，客行悲故乡。鸡声茅店月，人迹板桥霜"（温庭筠）。

宋元以降，山水画在中国文化中一直就有这个生活支持与"人生解脱"的功用，但从没有谁这么明确、深刻地将无意识上升到自觉意识，更没人将巫史传统资源与两个世界的基督教传统对接，从而升华其悲剧性格与形上品格……

近代以来，由于军事上的不断落败，经济上的巨大落差，使中国文化遭遇"二千年来未有之变局"。其中基督教挑战甚大。从第一代现代知识人（戊戌辛亥一代）的康有为立孔教，到第六代（"红卫兵"一代）大批名流学者所近年掀起立孔教狂潮，以为缺乏另个超验世界的中国文化不如此就找不到出路。因此，如何消化吸纳基督教，也构成了中国文化能否走进世界、焕发新生、重获自信的时代课题。

与这些学者迥然不同，李先生以另种方式承担起这一时代课题和历史使命。以"吾非斯人之徒与而谁与"的气概与胆识，转化性创造中国巫史传统，提出以亲子血缘情感为本根的"仁"的文化心理结构体和对永恒宇宙即物自体的敬畏，来替代柏拉图的"理式世界"，康德的"先验理性"，黑格尔的"绝对精神"，当然还有基督教的圣爱和"永恒的上帝"。通读李先生作品，这一"野心"（消化吸纳基督教）昭然若揭。再举几例：

"宇宙本身就是上帝，就是那神圣性自身，它似乎端居在人间岁月和现实悲欢之上，却又在其中。人是有限的，人有各种过失和罪恶，从而人在情感上总追求归依或超脱。这一归依、超脱就可以是那不可知的宇宙存在的物自体，这就是天，是主，是神。这个神既可以是存在性的对象，也可以是境界性的自由，既可以是宗教

信仰,也可以是美学享(感)受,也可以是两者的混杂或中和。"(《实用理性与乐感文化》)

"人生艰难,又无外力(上帝)依靠,纯赖自身努力,以参造化,合天人,由靠自身来树立起乐观主义,来艰难奋斗,延续生存。现代学人常批评中国传统不及西方悲观主义之深刻,殊不知西方传统有全知全能之上帝作背景,人虽渺小,但有依靠。中国既无此背景,只好奋力向前,自我肯定,似乎极度夸张至'与天地参',实则因其一无依傍,悲苦艰辛,更大有过于有依靠者。中国思想应从此处着眼入手,才知'乐感文化'之强颜欢笑,百倍悲情之深刻所在。"(《论语今读》)

人生艰难,空而责有,纯赖自身努力,以"度"的实践掌握形式力量,实现自然的人化,构成人类生存的起点。(这不就是中国一个世界文化的创世纪嘛!)同时这美感又可以替代宗教,甚至超越宗教,不仅精神超越,理性融化在感性之中,通过"以美启真"实现人的自由直观,"以美储善"实现人的自由意志,"以美立命"实现人的自由享受。人就不是机器也不是动物,真正实现康德提出的"人是目的"。可见美学既是人的起点,又是人的终点(人的自然化),这样美学就超越了伦理学而成了第一哲学。将中国传统的"立于礼"(伦理学)推向"成于乐"(美学)。这不但是李先生对中国思想的继承贡献,更是对世界哲学的普遍贡献。

在西方哲学史上,自柏拉图设定另个精神世界即理式世界以来,经漫长中世纪以人格神上帝具化之,西方两个世界的文化心理结构源远流长,但百年前尼采喊出上帝死了,今天人们也在大谈哲学的终结。那么,以巫史传统、一个世界为背景的中国文化,山水画可以与十字架并驾齐驱,到时候了?!李先生说:"上帝死了,中国哲学登场。"不亦宜乎!此序。

2018年6月　上海

（此文为《由巫到礼　释礼归仁》英文版序,原载《书屋》2019年第2期）

第六辑

美学是第一哲学

与刘再复的美学对谈

人是历史的存在

刘再复（以下简称"刘"）：我把中国文化划分为重伦理、重秩序、重教化和重自然、重自由、重个性这样两大不同的脉络，前者以孔孟程朱为代表，后者以老庄和禅宗为代表，《红楼梦》属于后一脉。有人批评说，只讲两大脉，不讲法家，是很大的疏漏，您以为是疏漏吗？讲两脉能成立吗？

李泽厚（以下简称"李"）：我讲儒道互补，与你所讲的两大脉络相通。后来我又讲儒法互用，但这是在政治文化的范围内讲的。就中国文化的主脉而言，儒、道是主要的，你说的两脉可以成立。法家文化虽然也是中国文化的重要内容，但后来被儒家所吸收，所以历史上很难见到独立的法家，例如被称为法家的诸葛亮、王安石等，他们首先是儒家，然后也吸收法家文化。

刘：2006年我在台湾东海大学美术系讲了一次"李泽厚美学概论"，很受欢迎。我讲了一点，说西方学人以为中国美学只在"道"，不在"儒"，您却从根本上揭示了儒家的哲学乃是"情本体"哲学。儒家不仅把人的地位提得很高，而且与自然和谐，赋予自然、天地一种情感，把情感宇宙化了。您开掘了"儒"的美学宝库，以情为本的宝库。

李：儒家的确把人的地位提得很高。在儒家学说里，人无须在上帝面前跪下，但又不是人类中心论，恰恰是人与天地共处，与自然和谐。中国山水画里，有人在，但很小，比高山流水小得多，这说明不想统治大自然。但画里有人，有人才更有意味。我不用"意义"，而讲"意味"，这个词用于美学，更为准确。意义诉诸认识，意味则诉诸情感的品味。

刘：您把儒文化分为表层结构与深层结构，表层结构是它的政权体系、典章制度、意识形态、伦理纲常、生活秩序等，基本上是一种以情理为主干的感性形态的价值结构或知识权力系统。深层结构则是生活态度、情感取向等，基本上是一种以情理为主干的感性形态的个体心理结构。这一划分对我理解《红楼梦》很有启发。《红楼梦》质疑的是儒的表层结构，它作为异端之书，反对的是儒的政教体系和意识形态，尤其是八股化的意识形态。但又不能笼统地说《红楼梦》整个是反叛儒家封建文化，因为连主人公贾宝玉也是个"孝子"，也重亲情，其心理结构在很大的程度上也被儒家文化所浸透。

李：《红楼梦》中的情，除了恋情，还有亲情、世情、人情，它所以经久不衰，就在于其蕴含的各种情感都很丰富，不是单一情感。这一点周汝昌讲过，我比较赞同。

刘：您讲儒家的深层结构，总结三个要点。第一是"一个世界"；第二是"实用理性"；第三是"乐感文化"。现在是不是要加上"情本体"这一根本点。第一点讲中国文化与西方文化的区别，西方是两个世界的文化，神世界与人世界，此岸世界与彼岸世界分离的文化。中国则只有一个人世界，此岸世界，中国人不仰仗上帝的肩膀，全靠人自强不息。以儒家为主脉的中国文化实际上把人的地位提得很高。实用理性则是讲人的智慧，中国人的智慧是实用理性的智慧，是信"有"的智慧，即以"有"为本，不是以无为本。您阐释儒家哲学时，说"有生无"，不是"无生有"，这与道家哲学和基督哲学全然不同。第三个要点就进入"情本体"了，乐感文化是不是也可以说就是肯定生命价值、生命乐趣的文化，与释家所说的生命即苦海不同。乐感文化肯定生（生命本身）的快乐价值，也就是说，人生下来不是错误，值得生。又确认价值之源在于生命的进取，相信事在人为，对未来抱有乐观态度，乐感文化的核心是确认生命最后的实在、最高的乐趣在于情感，而不是道德。是情本体，不是理本体、德本体，也不是心性本体。换句话说，最高的人生境界不是道德境界，而是人与宇宙自然秩序和谐共在的天地宇宙境界。您和牟宗三先生的不同之点就在于此。牟先生的最高境界是道德境界，他描述的天人合一的秩序是道德秩序，而您讲的是宇宙审美秩序。

李：乐感文化对未来抱有乐观态度，但乐观中也包含着悲剧意识。没有上帝的拯救，没有天父的肩膀，没有成功的保证，但还要刚强地生存下去，孤独地奋斗下去，这不是具有更加深刻的悲剧性吗？从汉儒到宋明理学，一直到牟宗三，都讲性本体，讲"性善情恶"。我的观念与此相反，认为情为根本、根源，是道始于情，礼生于情。在郭店竹简发现之前，我就提出"情本体"。竹简关于"性""情""礼"细密周详的记述，证明我的观点没有错。我在1998年写了《初读郭店竹简印象纪要》一文，你应当读过了。

刘：郭店楚墓竹简的发现，对您特别有利。竹简是考古学家发现的，而竹简的关键性内涵则被您发现，并成为"情本体"极为重要的佐证。竹简上就刻着"道始于情""礼生于情""礼因人之情而为之",这真是"铁证如山",宋儒讲了一千多年的"伦理本体""心性本体",这回被您"颠覆"了。但是,颠覆伦理本体好理解,颠覆心性本体则有些费解。因为竹简上也刻着"情生于性",也就是说,性是情的本源。您批评宋明理学逞思辨、轻感情,高谈心性,忽略文艺,颇有异于竹简,可是,应当怎么理解竹简显示的"情生于性"的论断呢?

李:这里的关键是对"性"的界定。我把"性"解释为自然生命。这样,情就是性的直接现实性,是性的具体展示。对"性"的陶冶便都落脚到情上。但宋儒把"性"解释为先验道德理性。这种"性"反自然生命,与"欲"对立。所以才有"存天理、灭人欲"的命题。我对"欲"也不是简单肯定,而是认为欲这种自然要求经过文化提升可以转化为与本能不同的"情",也就是"自然的人化",形成人的心理情感本体。我理解的"情生于性",是情从自然之欲产生但又高于欲,而宋儒所解说的,则是性有先验的善恶。牟宗三所讲的心性,也是先验的道德理性。

刘:我在讲禅宗的时候,讲的是自性本体论,实际上是心性本体论。慧能所讲的心,不是心脏,不是本能,而是包含着"六根根性"的本心,即统率一切的真心。这不是道德本体,也不是自然生命。所谓明心见性,所要见的性,实际上是"空",是去掉后天的遮蔽层的"心"。去掉覆盖物,才能呈现"空",回到"本来无一物"的佛性本源。您的"情本体"命题,与慧能的心性本体论有哪些区别?

李:慧能追求的是空无一物的心灵的宗教境界,其中也包括某种神秘体验。但禅宗特点又恰恰强调不能执著于空无,执著于追求空无仍是有。从而应该就在世俗生活中去寻得启悟,可以"日日是好日","担水砍柴莫非妙道",回到日常生活和情感中而又超越它们。其实这正属于我所讲的情本体范畴。

刘：您的"情本体"命题既不同于宋儒以及新儒的道德心性本体，也与西方思想主流的"理本体"完全不同。您曾说，西方只讲"合理"，中国则不仅讲"合理"，而且还讲"合情"。"大义灭亲"，中国人很难做到，因为它合理但不合情。韦伯讲责任伦理，不讲意图伦理，实际就是只讲合理不讲合情。中国讲合理又合情有好处，人际因此更为密切也更多温馨。但是，因为讲合情，也往往丧失原则。中国的"走后门""拉关系"恶习那么发达，恐怕与此有关。

李：有一定关系。中国重人情当然带有许多弊病，如虚伪。但有利必有弊，总的说来，利大于弊。

刘：中国人的忧患意识，不是佛家所说的陷入苦海无边而争取解脱的意识，而是正视生存困境又在困境中努力进取、自强不息的意识。乐感文化实际上是困境中的一种积极精神，悲苦中的一种不屈不挠。关于忧患意识，您讲的内涵与牟宗三、徐复观先生也不同。

李：西方文化是一种罪感文化，认定生有原罪，人一出生就有罪。罪是祖先亚当犯下的，但它肯定上帝创造的世界具有实在性，人也有实在性。人的肉体既然有罪，就得承受折磨，灵魂才能得救。因此，苦难变成上天堂的阶梯。受苦不是苦，而是甜，是快乐，这就派生出陀思妥耶夫斯基的"忍受""顺从"去接受黑暗，认为这就是幸福快乐。儒家文化不承认肉身之罪，只确认肉身生存的艰难。而且没有肉身，也就没有喜怒哀乐，哪还有什么灵魂的快乐。因此，首先是肉身的生存、肉身的拯救，靠肉身去开辟生活，创造人生。中国传统的忧患意识是没有依靠（上帝）却仍艰难前行的意识，这是很深刻的悲剧意识。中国人追求此生此世的现世快乐，如何生，如何生活得好，这个"好"当然包括精神方面，但是这个精神层面基本上（不是全部）是建立在肉体生存的基础上，不强调离开肉体的精神欢欣、灵魂超越等等，这才是中国哲学的主题特色。

刘：我在东海大学讲述您的美学时，重点不是讲述您的中国美学史论，而是讲述您的哲学美学。我把美学划分为两种，一种是哲学家美学，一种是艺术家美学。哲学家美学诉诸逻辑，诉诸思辨，追索美是什么，即什么是美的本质，美的根源等普遍性问题，与艺术实践没有太大关系。而艺术家美学则诉诸直觉，诉诸感受，追求的是个别性问题，但与艺术实践紧密相连。我讲《红楼梦》哲学，首先把曹雪芹哲学界定为艺术家哲学，他与庄子一样，是诉诸直觉。但是，我又发现，您和曹雪芹有一个相通点，这就是审美观并不仅是艺术观，或者说，审美观实际上是宇宙观、世界观、人生观，曹雪芹用审美的大观眼睛看世界看人生当然也看艺术，所以我把曹雪芹美学定义为通观美学、大观美学。您也是这样。您一再说，审美早于艺术而且大于艺术，审美代宗教，并不是艺术代宗教，而是以对宇宙、自然和谐共在秩序（天地）的崇仰代替对意志神与人格神的情感崇仰，因此，我也可把您的美学界定为大观美学或通观美学。

李：我对《红楼梦》毫无研究，不敢乱说。

刘：我把您的美学与朱光潜先生的美学作了比较，就发现您美的论述中有一种哲学历史的纵深度。朱光潜先生只是在心与物、欣赏与创作的关系中解释美与美感，缺少的正是这种纵深度，您对美感与艺术的关系的解说，从历史说起。人类的成长是从制造工具开始的，原始人在制造工具中，产生了美感，但这并不是艺术。艺术是把美感集中化，是通过线条、节奏赋予美感以某种形式。艺术一旦形成，它又反过来促进美感，使美感更为精致。人化的高级化过程，正是美感精致的过程。美感不仅早于艺术，而且大于艺术。我又觉得您的美学具有三个论述基点，一是"自然人化"（包括人的自然化);二是历史积淀(以人的主体实践活动为中介);三是文化—心理结构。用尼采的独断性语言表述,您的美学是男人美学,不是女人美学。

李:我虽然也讲艺术哲学、审美心理学,但重心的确是探讨美感如何发生,美如何成为可能、什么是美的根源等问题。我将"循康德、马克思前行"改为"循马克思、康德前行"(见《批判哲学的批判》附录标题),就是说,不是从康德走向马克思,而是从马克思走向康德,即从马克思的工艺—社会结构走向康德的文化—心理结构。还是这条人类主体实践的思路。康德很了不起,说明上帝、宗教是情感信仰,不是用理性可以证明的存在,不是认识论可以解决的问题。是情感的需要才设定的。我说康德是先验心理学,他实质上是提出了人之所以为人的文化—心理结构问题即人性问题。这问题还需要仔细分疏研讨。人性不是上帝赐予的,也不是先天生物本性,恰恰是通过历史(就人类说)和教育(就个体说)所积淀形成自然的人化。所以我把人看成历史的存在,不仅在外在方面,而且也在内在方面。我所谓"内在自然的人化"即此意也。这观点是六七十年代开始形成的。

刘:您倒是一个真正的历史唯物论者,以"有"为基点,为本源,是因为"有"的需要,才假设出"无"。"无"乃是人("有")的形而上假设。总之,是有产生无,而不是无产生有。更具体地说,是因为人太弱小,力量不足,才假设出"上帝"、神等来安慰自己、支持自己。不是上帝造人,而是人造上帝。您的美学观正是以这种大逆不道的哲学观为基点。在中世纪,您一定要受到最严酷的审判。在今日中国甚至世界范围,历史唯物论表述得如此彻底,也极少见。难怪您要说"循马克思前行"。

李:不错。不是无生有,而是有生无。首先是"有"的存在,然后才想出无、上帝等等，而且把"无"神圣化、艺术化了。无极与太极，谁在先，谁在后？人们常说"无极而太极"，我则认为，太极是存在，因为太极在，才设想出无极并把它艺术化了。其实"太极"从出土帛书看，应是"大恒"。

刘：有人批评您说，您的美学观太求逻辑的一惯性。后期与前期有差别，也悄悄去调节前期的偏差，例如您讲美感二重性，前期就太强调社会功利性、理性，后期才强调直觉性、感性。对于主体性也是如此，前期多讲人类主体性，后期才强调个体主体性。您觉得这种批评有道理吗？

李：有道理也没道理。有道理的是几十年总有一些变迁，否则不就变成僵尸了吗？没道理的是基本观点和思想一直没变，所变迁的只是我讲的同心圆的扩大加深。前两年一篇批评我的文章便承认我"五十年而未曾有大变"。必须是有人类主体性才有个体主体性，（如情本体），先有美的根源（或本质）才有审美对象。前者讲清楚了才能展开后者，否则便犯理论错误。不先讲社会性、理性，感性就会只是动物性，像刘晓波那样。所以前期并无"偏差"，只是论述不够。历史和逻辑是一致的。一些批评者说我把"规范"（价值）和"发生"（历史）混在一起，哲学变成了发生学了，其实这恰恰是历史本体论的特色所在。规范、价值、意义都是通过历史才建立起来，这恰恰是我的哲学的一个基本观点。

"有人美学"与"无人美学"

刘：我在读大学的时候，就听到我的老师樊挺岳讲解您的美学观点，到了哲学社会科学部《新建设》编辑部，就开始读您的文章。因为《新建设》特别重视美学，所以我在编辑部的椅子上一坐下来,立即就必须弄清两场争论的要点,一是正在进行的带有批判性质的关于周谷城先生的"无差别境界"问题;二是1967年前您和朱光潜、蔡仪先生的美学论争问题。我和编辑部里的赵幻云先生曾一起去访问朱光潜先生,那时他正在翻译黑格尔的《美学》,我非常敬重他,并觉得朱先生和您的美学都是"有人美学",而蔡先生的美学是"无人美学"。蔡仪认为,没有人,自然也是美的,这是客观存在的自然美。他以为这才是彻底唯物主义。您却认为,他的逻辑是没有人,只要有上帝,自然仍然是美的,这正好符合上帝意志。朱先生也不同意蔡先生的看法,他认为自然美是因为自然与人接触后,人的情感移入自然对象,与人的思想情感发生关系才是美。这也是有人哲学。而您讲得最明确,提出了"自然的人化""自然向人生成"的命题。不错,山水花鸟在原始社会与人类没有关系,自然要么与人无关,要么成为危害,怎能成为美呢?没有人类,所谓"善",所谓"美",有什么意义?四十多年前,我在哲学社会科学部的编辑部见到您,也第一次明白您的"有人美学"。后来我讲有"主体性的文学",其实早就种下了根。

李: 你是1963年到学部的,当时我和叶秀山、汝信都给《新建设》投稿。我的确觉得蔡仪所讲的"没有人,自然也美"的观点很奇怪。他也没有弄清作为审美对象的自然美,与自然本身确有一种外部关系。后者具有审美素质,但是,为什么这些形式和素质会成为美并使人产生美感;这就要从人类活动这个根本上去说明了。离开人,离开人类活动,离开主体实践活动,根本就无法说明美的发生、美的根源与本质。你说他是"无人美学",也可以说,无人(离开人类活动)就没有美学。

刘: 在《新建设》工作几个月,我就到山东劳动锻炼一年,之后,又到江西参加"四清"一年,返回北京后就投入"文化大革命"。没想到,"大革命"一开始,就读到《红旗》杂志1966年第5期郑季翘点您的名的大文章——《文艺领域必须坚持马克思主义的认识论——对形象思维论的批判》,此文认为,所谓形象思维论,是现代修正主义文艺思潮的一个认识论的基础。您在1959年就在《文学评论》上发表过一篇谈形象思维的文章,这回成了郑季翘的主要批判对象,而且郑是"中央'文革'"的成员之一。当时我到北京大学看大字报,您的名字都打叉了,觉得您此次一定会遭殃,没想到最后还是躲过一劫。

李:郑季翘"文革"前是吉林省委书记,"文革"初期是"中央'文革'"成员之一。"文革"中有张小报说毛泽东很欣赏郑的文章。我当时确实有点紧张,怕被揪出来,但我在学部只是个小不点,学部的大人物太多。如果我在任何学校就难以幸免了。

刘:通过和朱、蔡的争论,我第一次接近您;通过您和郑季翘以及其他人关于形象思维的争论,我第二次接近您。这种接近,自然是思想、学术、文学本体的接近。所以,当您在八十年代初发表了"文学不只是认识"的理念时,我特别高兴,印象也特别深刻。这一观念在文学界很有影响。在形象思维的论争中,您一方面反驳了郑的"否定"说(即否定有形象思维,否定艺术创作有其自身的重要规律,认为艺术创作也跟人的一般认识一样,必须经过表象到概念,然后再回到表象,创作出作品),另一方面也拒绝了"平行"说(认为形象思维是与逻辑思维平行的、互不相干的思维)。但是,争论的缺点是难于摆脱对手提出的范畴与概念,以此争论而言,就难于摆脱"思维"二字,也就是难于摆脱认识论。而文学根本不是认识,也不是狭义性的通常所说的那种思维。抛弃了形象思维概念的含混性,您说明了形象思维主要指艺术想象。二十世纪下半叶,主宰文学界的就是这个认识论,把《红楼梦》也解释为认识封建社会的教科书,您提问得好,"要认识封建社会,去看历史书不更好吗?"大约就在您发表"文学不只是认识"前后,我也正在走出"反映论"的哲学基点,逐步形成属于自己的文学观。后来,我一再表述,说文学的基本要素有三:一是心灵,二是想象力,三是审美形式。这三种要素里,当然也蕴含着对宇宙、社会、人生的认识,但就其文学整体而言,它不是认识。

李:所以我一再提醒应当注意西方的分析哲学。英美分析哲学认为哲学的功能就是分析语言的概念、判断、推理,弄清词语的含义。尚未弄清,就争得脸红耳赤,等于白费口舌。"形象思维"这一概念得首先弄清楚,如果是指通常所说的那种狭义思维,那么,"形象思维"就不是思维,也就是说,不是认识。许多年来你一再对我提起"文学不只是认识"这一理念。弄清这个问题,倒确实是当年中国文学理论上的一个关键所在。

刘:弄清概念,这在学术上的确是个首先要做的工作。出国后我走得更远,主张"放下概念"。我的主张当然不是指涉科学研究。进入研究,没有概念范畴怎么行。我指的是审美活动、文学艺术活动。文学艺术活动重要的是审美直觉,是悬搁概念,直面审美对象,然后呈现独特的、真实的感受。如果感受受到概念的阻挠和概念的过滤,就不会有独到的艺术发现,也就不会有原创性。您在"美感二重性"中,首先强调的也是美感的直觉性。您的"文学不只是认识"为什么让我震撼,就是我从中意识到,文学排除语隔概念障的可能产生了。用王国维在《人间词话》里所使用的语言说,是打破语隔、概念隔而直接拥抱审美对象的可能产生了。最近我重读您的"美感二重性",甚至想对您提出质疑,即美感除了具有直觉的性质之外,是否还有另一重社会功利性质。您曾解释,美感二重性包括四个内涵。一个是直觉,相对于逻辑来说的;一个是功利,相对于非功利来说的。也就是说,假如是二重性的话,一方面是直觉与非功利性;另一方面则是逻辑和社会功利性。前两者与后两者密切联系在一起,社会功利常是逻辑的考虑;尽管这种逻辑有时是非常不自觉的,或习惯性的(《美学论集》第674页,台北三民书局1996年版)。我在写作《鲁迅美学思想论稿》的时候,完全认同您的这一见解,但是在2002年我和林岗合著的《罪与文学》中则表明另一种观点,即文学乃是心灵活动和审美活动,它审视社会功利,但本身不带社会功利性质。也就是说,文学是立于超越功利的审美境界上审视社会功利活动,也呈现社会功利活动,但创造主体、审美主体本身并无功利之思。

李:"美感二重性"早在1956年就提出了。后来我讲美感四要素即情感、理解、想象、感知的相互作用,是对二重性的展开和补充。康德只讲理解与想象,我则强调情感。这四要素中的每一要素又可产生无数不同形态。审美的复杂性就是这些要素的变动、排列、组合,形成综合判断。在四要素处在某种数学方程式里,似乎看不到社会功利,其实包含着广义的功利,例如喜欢一个美人,在"想象"要素中就包含着欲望,这种欲望就是"功利"。康德讲"非目的的合目的性",是指审美不是追求直接的具体的功利,但最后还是合大目的。以往文学艺术太急功近利而且是非常具体的功利、功用,因此现在一讲社会功利就害怕,其实我说的"功利"一词是广义的,把无用之用也视为用(功利),那么,审美还是包含有社会功利因素的。

刘:我第三次向您接近是1984年和1985年之间,偶然读到您的《康德哲学与建立主体性论纲》。读了之后,我立即想到,李泽厚的"有人美学"现在发展为有主体的美学,即主体实践美学。所谓主体,就是人,就是人类。而所谓本体,乃是根本、本源,最后的实在。因此主体实践美学也可称为人类学本体论美学。总之，是哲学的重心发生位移了，主体才是重心，人和人类才是重心。高兴之余，我又想到，文学理论的哲学基点也应当移向人，应当用主体论取代反映论。哲学基点一变，整个理论框架就会变。因此我立即着笔写作《论文学的主体性》，并引发了一场全国性的论争。1985年前后我读了您的哲学文章，觉得通过您，哲学发生了两个变化，一是哲学基本问题变了，不再是物质和精神何者为第一性问题，而是人的命运（人怎样活，为什么活等）为基本问题；二是哲学重心变了。我首先吸收这两种哲学成果，进入主体性思考。至于是强调人类总体的主体性还是个体主体性反而少费心思。因为我是讲文学主体性，自然是多讲个体主体性和内在精神（心灵）主体性。您是对美的哲学把握，当然应当从人类主体实践活动讲起，而且这种活动也不能只有精神活动，更重要的还是人类的物质实践活动。在八十年代您发表的许多文章，早已强调在人类主体实践前提下的个体、感性、偶然。我讲文学主体性无法多讲大前提，只是具有历史针对性地强调个体自由、生命目的（目的王国的成员）、独立品格（超党派性）、审美个性等等。《论文学主体性》的好处是具有历史针对性和历史具体性，对原来的文学理论框架起了解构作用；缺点是改革心切，缺少严密的逻辑建构。无论如何，我们总算给人文学界注入一点活水，这是应当感谢您的启迪的。

李：你讲的是文学，当然应当多讲个体、个性，即主体性的主观方面，也就是我讲的心理本体特别是包含其中的情感本体。我讲的是哲学，还要讲主体性的客观方面，即工艺—社会结构的本体。文学是最丰富、最复杂的领域，它的情感性、心灵性特别强，你讲文学主体性，强调内在精神也没有错。《康德哲学与建立主体性论纲》发表在一个小刊物上，名字我都忘了，我真没有想到会引起许多反响，也没想到你还读到了，而且掀起一场波澜，历史充满偶然。我讲主体性，先讲人类总体，然后再讲个体、偶然等。我的主体性论述不同于萨特，他只讲个体，也不同于黑格尔，他太重总体。康德很了不起，比黑格尔高明，在哲学上突出了历史创造的主体性质。所以我概括自己的哲学公式是"康德↔马克思"，而不是"黑格尔→马克思"。

美学作为第一哲学与物自体问题

实用理性的"逻辑"之所以把"以美启真"作为非常重要的课题,是为了说明,不仅个体的人的存在,而且他(她)的心理以及感知,都不是理性所能全部占有。人作为生物,其生存意志和本能欲望,即使被理性和社会逐入心理的无意识层,也仍然活跃生动。它不断渗透、干预、参与意识层面的工作和活动。从而使个体的生存及其感受,永远具有非机器所能替代的个性特征。由个体感受上升为普遍真理的创造发明的心理和逻辑,亦即判断力,特别是审美判断力是Kant所说的不可教授的"天赋能力",实用理性认为它是人类文化心理结构,即人性积淀或人性能力中最为活跃的部分。正是它,引导走向实现和完成个体自身的潜能,实现生命的最终价值。自然人化论和实践美学之所以最后落脚为多项心理功能的复杂结构体,我称之为不断生成、变异和积累的文化心理积淀的"审美方程式"或审美"双螺旋"(double helix)。它不只有美学、艺术的意义,而更在于它具有人和宇宙自然共在的本体论的性质。"审美方程式"或"双螺旋"作为人的心理的最终构成("成于乐"),在于它把"人和宇宙共在"连成了一体。这也就是美学为何成了历史本体论的"第一哲学"的缘由。

"人和宇宙的物质性协同共在"是一种"物自体"的形而上学设定。没有这个形而上学的设定,感性经验就没有来源,形式力量和形式感受也无从生发。宇宙的存在与人的操作——符号系统的创造发现力量，有如Kant那两个不可知的先验X（先验对象与先验自我），只是对历史本体论来说，两者在人类实践基础上统一了起来。人类以此窥探宇宙奥秘，以此安顿此在人生。哲学史表明，形而上学每次都埋葬它的埋葬者，人类永远具有这种形而上学设定的心理需要。

概括来说，第一，它区别于传统的形式逻辑和辩证逻辑，实用理性的逻辑不仅把思维规则置放于实践操作的基础之上，显示它乃经验合理性的抽象提升，而且它讲的不只是思维、理性，还着重感性以及各层无意识因素①在认识中的创造作用。它不仅肯定根源于群体社会的操作——实践层的形式逻辑和数学，以及同样来源于群体社会生活的辩证智慧和方法，而且重视直接与个体感性能力相关的"以美启真"和"自由直观"。第二，从而Kant"第三批判"特别是《审美判断力批判》，对历史本体论来说便颇为重要。与Hegel以及其后各种轻视形象思维（picture thinking）专重纯粹的思辨和理性不同，这里更着重个体生命的活生生的活动和感受。正是这个充满着偶然性和自发性的活生生的生命，沟通着人与宇宙。于是，在这里，"物自体"问题成了前提。因为，人首先作为动物存在的生理物质性本与外在世界的宇宙是浑然一体，无分彼此的。人的感性操作、知性认知和审美感受或领悟，都是以人自己的行为和心理对宇宙所做的把握、了解和解释，并把两者作为主客体区别开来。宇宙究竟如何，不可得而知。这是Kant的老问题，随着科学的进步，这一问题不但没有消退反而明显。量子力学和Thomas Kuhn的科学史理论都反射出这一点。也可以说，宇宙——自然的存在及其形式秩序是本来就在那里的呢还是人所赋予的？庄周梦蝶还是蝶梦庄周？从历史

---

① 无意识可分为生物本能性的、技术熟练性的、群体记忆性的种种。

本体论看，这个"老大难"问题的回答是，必须有"宇宙—自然与人有物质性的协同共在"这个"物自体"的形而上学"设定"，才使人把各种秩序赋予宇宙—自然成为可能。这个作为前提的必要"设定"以审美情感—信仰作为根本支持，这在存在论中当再言说。

*　　　　*　　　　*

"第一"是什么意思？基础、本源、重心。在西方哲学史，希腊和中世纪是以本体论为哲学的重心，Aristotle称有关"存在"的知识即本体论（ontology）为第一哲学。

自Bacon，Descartes到Kant，认识论是哲学的重心。但今日认知科学已逐渐在取代这个重心。认知科学实证地阐明人的认知过程、功能及特点，具体揭示人的智力结构（文化心理结构的一个方面），无须哲学外加干预。因之，今日哲学提出"内在自然人化""理性内化""自由直观""以美启真"这些总观念也就足够了。到Wittgenstein止，哲学似乎大体完成了它在认识论方面的使命。

至少从存在主义开始，当然也可以从Kant算起，哲学重心已经转移到伦理学。但伦理学今天实际也已一分为二，即以"公正"（justice）、"权利"（human rights）为主题的政治哲学—伦理学，和以"善"（Goodness）为主题的宗教哲学—伦理学。①

当前还是伦理学为哲学重心的世界，以美学为重心的人自然化，也许在五十年以后？也大概将在今日正方兴未艾的各种职业伦理学以科学形态逐渐取代哲学伦理学之后。②

---

① 拙作《己卯五说》中《说天人新义》。
② 同上。

作为重心的伦理学,在今日全世界正走向社会巨大变迁的新阶段中,政治哲学又日益成为重中之重,将充当当今的"第一哲学"。伦理学—宗教哲学倒可以与美学合流,特别是在中国传统背景下,但它作为重心至少恐在五十年以后①。所以,本文讲的美学作为"第一"只是未来式。俱往矣,美的历程只是指向未来的。

已多次申述,自Hegel将理性高扬至顶峰后,作为巨大反动,人的感性存在、感性生命成为哲学的聚焦。无论是Marx,Nietzsche,Freud,Dewey,Heidegger,都如此。历史本体论承续着这一潮流,将美学作为第一哲学,正是将人的感性生命推到顶峰。它以为不是认识,不是道德,不是心、性、理、气、道,不是上帝、灵魂、物质、绝对、精神,而是多元且开放的情感,才是生命的道路、生活的真理、人生的意义。它不可能定于一尊。作为文化积淀,不但因人而异,而且变化多端。它以"以美启真""以美储善"和"审美优于理知"来实现个体生命的潜能和力量。

从本文上下篇可以看出,如用古典词汇,人类学历史本体论以"美—善—真"的历史(发生学)和逻辑("度"的自由运用—道德律令的理性凝聚—认知建构的理性内化)的次序而展开。这虽稍有异于上世纪五六十年代的"真(客观世界)—善(主体实践)—美(两者的统一)"②,却并无矛盾冲突。差异在于,原位置的客观世界(真),今日被代之以"物自体"。历史本体论本来自Marx、Kant和中国传统,又不同于它们。不同于Marx仅着重人的社会存在,而

---

① 另方面,中国传统的宗教性道德,以天(敬天法祖)、地(厚德载物)、人(世间关系)的和谐来指导现代原子个人和契约基础上的社会性道德,达到"乐与政通""乐以政成"的理想境地,又正是"美学作为第一哲学"构成中国政治哲学重要特色并对人类文明能做贡献之所在。

② 拙文《美学三题议》,《哲学研究》1962年第2期。

忽略了个体心灵。不同于Kant将心理形式归于超人类的理性，忽略了它的历史生活根源。不同于中国传统过分偏重实用，忽略了抽象思辨的极端重要性。另一方面，它又融合了三者。总起来说，历史本体论通过"实用理性"和"乐感文化"所提出的是，在现代生活中全面实现个性潜能的心理建设问题。我认为，中国本无西方的哲学（philosophy），中国"哲学"是一种"先验心理学"（psychology apriori），不是对心理做实证科学研究的经验心理学，而是给心理经验以先验形式设想和形上探求。它从心理视角提出人生意义、生活价值、人道天道等哲学问题。

《论语今读》说：

> 从"逝者如斯夫"等处，可知儒学重视的是动、行、健、活、有，而非静、寂、默、空、无。如果说本体，则应是前者而决非后者，这才能与"生生之谓易"的"人活着"根本精神接头。静、寂、默、空、无，只作为个体的某种体认境界和人生省悟来补充、丰富这个动、健、活的"本体"。这正是儒道（禅）互补。……虽言断意绝，而此心却存。①

此"心"不是那"寂然不动"的抽象的"心""性""理"，而只是运动、变化、具体、多元的"情"。美学之所以成为第一哲学，缘由在此。《论语今读》阐释"人能弘道，非道弘人"时说：

> 由"伦常日用之道"上升为"于穆天命"的"道"。这"提升"当然是一种"假设"和"约定"。但又不能说它是"假

---

① 拙作《论语今读·7.2记》。

设""约定",相反,为了它的神圣和尊严,必须说它是"先验""先天",不需推理而由良知、顿悟去体验去认识,但它又毕竟不是人格神。因之,我以为最值得重视的是,这种"假设"和"约定"使这本体和人生具有十分浓重的悲剧性质。人生一无所本,被偶然扔掷在此世间,无所凭依,无所依归(因为没有人格神),只能自己去建立依归、凭据和根本,比起有一个外在的上帝,这岂不更悲苦、更凄怆、更艰难、更困苦?充满人文精神的中国乐感文化,其实有这样一种深层的悲剧基础,而并不是"忧乐圆融"的"喜陶陶"。但这要点一直没有被充分阐释,这个悲剧性的方面经常被引向敬畏的"天命"的准人格神方向,或引向所谓"忧患意识"的政治社会方向。只有在《古诗十九首》之类所谓"一字千金"的人生咏叹中,才略约展示出这种深深的人生无所凭依的本体悲哀。

儒家对待这悲剧,是强打精神,强颜欢笑,"知其不可而为之",故意赋予宇宙、人生以积极意义,并以情感方式出之。我已多次说过,一切"乾,元亨利贞""天行健""天地之大德曰生""生生之谓易"等等都不是理知所能证实或论证的,它只是人有意赋予宇宙以暖调情感来作为"本体"的依凭而已,即所谓"有情宇宙观"是也。

儒道两家都从"人道"到"天道",由功能建实体,以人事见天意,认审美为指归,一以情,一以智,都是实用理性和乐感文化的呈现。……审美因为由全身心所发动并作用于整个心灵,便可以转化为实现人的各种潜能、品质、性格的积淀物,从而使个体成为创造的主体。①

---

① 拙作《论语今读·15.29记》。

《论语今读》还说:

> 二十世纪的各派哲学均以反历史、毁人性为特征,于是使人不沦为机器,便成为动物。如何才能走出这个厄运?此本读提倡情感本体论之来由。"情"属"已发",所以情感本体论否认"未发""静""寂",认为离开"动""已发""感"来谈"静""未发""寂"便是"二本"。"感不离寂,寂不离感。舍寂而缘感,谓之逐物;离感而守寂,谓之泥虚"。(王龙溪《致知议辨》)前者"逐物"乃自然人性论,已失去作为本体的情感意识;后者乃天理人欲论,也失去作为情感的本体,所以说是"泥虚",即以虚无的"理"来杀人也。"理""性"为虚为无,自然界的循环如无人在,亦虚亦无。对实用时间消逝("无")之情感体验才"有"。废墟、古物之意义正在于此:它活在人的情感中,而成为有。"人均有死"乃一抽象命题,每个人都还活着才具体而现实,对此活之情感体验才"有"。这才是"此在"之真义。①

这个哲学——先验心理学的形而上学的前提,就是"物自体"。认识论结尾说,设定"物自体"是认识自然和宇宙的逻辑必要条件,使"以美启真"成为可能。此篇("乐感文化的情本体")的结尾,则将设定"物自体"作为供人选择而皈依的情感—信仰的充分条件,使"以美储善"成为可能。前一设定与人的认识和工具—社会本体相关;后一设定与人的行动和心理—情感本体相关。这两个设定与Kant认识论的两个先验的X,特别与Kant"物自体"作为经验来源和信仰对象的两重基本含义(即《批判》所说认识论的第一层含

---

① 拙作《论语今读·9.17记》。

义和伦理学的含义）倒相近似。但它不同于Kant由先验理性而导向道德的神学，更不同于以人格神为中心的各种宗教，因为工具本体和心理本体都产生于人类实践过程之中。

因之，所谓"物自体"最终涉及的并非人格神而是宇宙及其为何存在的古老问题。Bertrand Russell说，宇宙作为整体，无原因可言。我以前指出这是误用语言和观念的缘故，将产生在这个世界的因果范畴（"为什么"）误用于世界本身。中国传统对此也有所论说。王弼说，"自然者，无称之言，穷极之辞也"①。自然即是宇宙，所以"道法自然"，"道"（人道、天道）在"自然"之"下"。又说"物无妄然，必由其理……故繁而不乱，众而不惑"②。这指的是"自然"有规律性。郭象则认为"物各自然，不知所以然而然"，"明生物者无物"，"物皆各有宗极，而无使之者。故自然即自家也"③，即强调自发存在，而不肯定规律和因果。他们讨论的，也正是存在性（本体性）和规律性（因果性）的问题。宇宙—自然的秩序井然的规律性，可以与人类实践有关；但它的存在性（本体性）是否与人的存在相关联呢？这却难以回答。规律性可讨论，存在性是个谜。它即是不可知的"物自体"。Heidegger，Copleston等提出"为什么有有而无无"？Wittgenstein说，神秘的是世界如此存在。Augustine认为，这个奇迹证明了上帝。他们都在说这个无可解答的宇宙"存在"问题。但为什么明知不可谈，却还要不停地再问再说呢？这就是由于这个包含人类却又超乎因果的"存在"庞然大物，成了人们敬畏崇拜的情感—信仰的对象或境界。面望灿烂星空，回

---

① 王弼：《老子》第25章。
② 王弼：《周易略例·明象》。
③ 郭象：《庄子注》。

思浩渺宇宙,在情感感受以及观念上,能够替代和超出"万相皆空"的,大概也只有这种对一己和人类渺小的深深感触。这里似乎也只有两种选择,一是Plato式,也包括唯物论,即承认、相信和信仰一个等待着人去发现、认知的"理式"世界。一是Kant式,人尽管把自己各项先验形式置于其上而获得认知、发现,它本身仍然是不可知的。本书采取的是后一立场,但也赞赏前者。因为两者都肯定了对一个巨大的情感和美学的存在体的"信仰"或"感(享)受"。这"信仰"或"感(享)受"的不是有意志有目的的人格神,而即是那奥秘多端无垠存在的宇宙自身,也即是那"人和宇(空)宙(时)的物质性协同共在"。宇宙不是上帝创造的,宇宙本身就是上帝,就是那神圣性自身。它似乎端居在人间岁月和现实悲欢之上,却又在其中。人是有限的,人有各种过失和罪恶,从而人在情感上总追求归依或超脱,这归依超脱就可以是那不可知的宇宙存在的"物自体"。这就是"天",是"主",是"神"。

Kant"相信"这个"神"[1],Einstein"相信"这个"神"[2],中国传统也"相信"这个"神"。这个"神"既可以是存在性的对象,也可以是境界性的自由;既可以是宗教信仰,也可以是美学感(享)受,也可以是两者的混杂或中和。你看,"一昼一夜,花开

---

[1] "上帝在Kant《判断力批判》中最终就明确地变成一种完全失去客观存在的性质,而纯粹是人们主观信仰的东西。"(拙作《批判哲学的批判》,第10章第7节)

[2] "Einstein的哲学观点是相当混杂的,也有许多变迁。如果粗略地说,可大体概括如下:1.相信不依存于人的自然规律的客观存在性质。2.对这种客观规律性的信念即宗教感情(即Spinoza的上帝)。3.对这种客观规律性的掌握不能通过感知,而是通过思辨,但须由感知来验证。4.所以,非归纳(经验),也非演绎(逻辑),而是自由的想象才能发现这种客观规律,并不断创造简单明了的基本概念来表述。Einstein徘徊在唯理论与经验论之间和寻求这二者的统一这一基本状况,与Kant是颇为近似的。"(拙作《批判哲学的批判》第4章第6节)

者谢，一秋一春，物故者新"。继冬雪无声严寒肃杀之后的，又仍然是杏花春雨，江南草长。"自然界永远按时作息，总是这样殷勤感人"①，即使这是人类实践将认识置放其上，但那存在着的存在本身，如不执著解说为空无，不仍然可以是"此中有深意，欲辨已忘言"吗？"问余何事栖碧山，笑而不答心自闲。桃花流水窅然去，别有天地非人间。"这种审美的"自由感（享）受"不也可以就是"人和宇宙共在"的"天地境界"和信仰本体吗？它是"理性凝聚"之后理性与感性的融通合一，是超道德而与天同一的解脱和自由。一切人生感喟、精神追求、心魂认定，不可以在这未及言说、不落因果的情理积淀中而得到某种"物自体"的超越感受吗？

哲学本只是视角，它制造概念以图把握人生和世界。古往今来好些哲学家希望通过思辨形式所提出的问题、视角、概念来影响生活情感和人生境界，总希望哲学与人们的生活、行为、实际、实践有所关联。在现代哲学中，Wittgenstein与Dewey迥然不同，但Wittgenstein说"概括我对哲学的态度便是：哲学真应该写如诗的作品"②，Dewey则要求哲学"激发起人的心灵更加敏锐地对待他们的生活"③。在现代中国，冯友兰的"境界说"，牟宗三的"圆善论"，以及今日的历史本体论，也都追求哲学与人生情感相关联。"无情亦无种，无性亦无生"。成"佛"也需要情，所以草木"不可度"。正是某种情感—信仰支撑着人去在、去生活、生存、"成佛""得救"。"佛"是人的潜在情感性的生长完成，这也就是"美育代宗教"之可能所在，也即是宇宙本身作为"物自体"的情感—

---

① 拙作《己卯五说》后记。

② Wittgenstein, *Culture and Value*, pp. 4–5.

③ Dewey, *Reconstruction in Philosophy*,（New York: H. Holt and Company, 1920）, pp. 91–92.

信仰之所在。作为不可知的"物自体",宇宙与"佛"在这层意义上便同一了。

于是,美学作为"度"的自由运用,又作为情本体的探究,它是起点,也是终点,是开发自己的智慧、能力、认知的起点,也是寄托自己的情感、信仰、心绪的终点。上篇讲理知认知的形式,这篇讲情感—信仰的形式,而以人和宇宙物质性协同共在为归宿,成为人类学历史本体论。它以审美始(发明发现),以审美终(天地境界)。它肯定理性是人性形成的关键,展望理性更为广阔的未来。它尽管反对理性作为"本体"吞并认知和情感,但更反对现在正时髦和流行着的各种形态的反理性主义。它坚信科学发展将有益于人类,强调深入探究复杂多端的情理结构,因为这与人的个性潜能的健康发展和精神生命的情感真实有关。

超道德与情本体

问：你想以情本体的天地境界来替代在宗教信仰指引下的道德和人生？

答：简单说来，道德心理的最高点是即知即行动的直觉性的生活境界和人生态度，包括视死如归的平常心，并且将它视作一种快乐，从而由道德而超道德，西方归结于宗教，进入上帝怀抱的天国世界，中国则归于一个世界的历史洪流，这个洪流也就是人类生存延续的本体世界，此"本体"非noumenon。正因为此，美育才可能和可以替代宗教。

问：你的《美学四讲》（1989）把审美分为悦耳悦目（以感官愉快突出为特征）、悦心悦意（以心意愉快为特征）和悦志悦神三种类和三层次，而且悦神还高于悦志，现在你还如此认为吗？

答：当然。"悦志悦神"作为审美状态，远不仅指欣赏和创作艺术，而且更指生活和人生，并以此达到和创造现实生活中的人生最高境界，即所谓"悦神"的天地境界。这境界仍然不脱离人生感性世界和人间生活。神圣性的"有情宇宙观"，使美学可以成为人生归依和生活最高境界，而替代宗教，这亦即是将自己融入"参天地赞化育"使后人永恒记忆的历史洪流中，它与回归上帝怀抱相比，并不逊色。道德与超道德的不同在这里，孔、孟之不同也在这里。

在程、朱眼里，孟子大概是道德的顶峰，孔子则是道德而又超道德了，当然，这也只是我的解说。

问：孔、孟不同？

答：有如程朱所言，"仲尼，元气也；颜子，春气也，孟子并秋气尽见""孟子有些英气，才有英气便有圭角，英气甚害事"（《二程遗书》卷18）"孟子则攘臂扼腕，尽发于外。……孔子则浑然无迹，……孟子其迹尽见"（《朱子语类》卷52），说的便是孟子高扬大丈夫刚正不屈的自由意志的"英气"，仍在道德范围内。

问：这应该是至高无上了。

答：不然。这只是在伦理学上的至高至上。在追求超验、构建形上哲理的程、朱看来，这还不够顶峰，顶峰是这种"浩然之气"的自由意志已经变成一种平平常常的生活态度、人生境界，变成"从心所欲不逾矩"的"平常心"，包括杀身成仁，舍身取义都是自自然然，"浑然无迹"，根本不需要这种自由意志的"英气"外露了。这当然是品级极高了。在他们看来，也许孟子还只是道德，而孔子则是达到超道德的形而上学天地境界了。所以才是"至圣先师"。这"师"仍是人，不是神，所以审美（天地境界）才代宗教（上帝天国）。

其实，各宗教均有之，Kierkegaard也是由伦理进入最高境界的宗教，宋儒追求超验的天理是失败了，但他们提出这一由道德而超道德的人生境界却是哲理上一大贡献。中国缺乏人格神的宗教信仰，实际是以宇宙自然为上帝、为依托、为归宿，既超道德而又不脱离感性世界，可"视死如归"而又"托体同山阿"（陶潜诗），所以美学能成为最高的人生境界，美学是第一哲学亦就此而言。

问：你翻译的Kant"位我上者，灿烂星空；道德律令，在我心中"，这是道德还是超道德？

答：包括Kant本人也许都把它看作是道德境界，我却认为它已超道德，进入天地境界，"灿烂星空"那种崇高感在中国传统中恰恰是"悦志悦神"的美感最上层，"灿烂星空"不就是"天地"吗？你夏夜仰望天空所产生的那种与心中道德律令同在，亦即与个人作为本体与宇宙协同共在的崇高、美丽而神秘的直观感受，不就是这种美感吗？它是"以美储善"的感受，已超出慷慨悲歌从容就义的道德感了。Kierkegaard伦理之上是宗教，Kant也说过"道德不可避免地走向宗教"（《单纯理性限度内的宗教》序），提出"道德的神学"，却认为"道德律令并不需要宗教和上帝来保证，但宗教和上帝都必须依靠道德律令而存在。中世纪认为善就是上帝的意志，要求相信和服从一个在道德意识之上、甚或与道德无关的外在权威（上帝），这正是康德伦理学所反对的。"Kant又同时"深知宗教并不能完全等同于道德。它有另一种并非道德所能具有的特殊的情感特征和力量"（《批判》第334—335页）。这种超道德的情感特征和力量，就是我"理性的神秘"和"以美储善"来重新解说中国传统"孔颜乐处"的审美生活态度和人生境界，亦即仍具有感性要素的"天地境界"。这里的关键也仍在两个世界和一个世界，Kierkegaard认为这个世界不值得活，所以审美（感性）最低，宗教（灵魂）最高，Kant未必如此。他那"灿烂星空"便正可以解释为具有物质性的宇宙天地。

问：这也就是你常讲的"与宇宙协同共在"的感受。

答：Kant这话语中还有"恒兹二者，畏敬日增"，我解释为是指那个不可知为何存在的宇宙物质总体即"物自体"，这里要说明一点的是，在写《批判》一书的七十年代，我并不认同这个不可知的"物自体"，当年认为没有什么不可知，到后来我否定了自己的这个观点，相反我特别强调了这个只能敬畏却不可认知的"物自体"，在

《论实用理性与乐感文化》一文中明确表达了这一看法,强调了敬畏或畏敬,这是以前所未表达的,并且把它与"美学是第一哲学"的论证联结在一起了,同时指出"美学是第一哲学"乃未来式,它将与各种宗教并行补悖,因为各种宗教或将永恒存在。我也说过,现在走红的"第一哲学"是政治哲学(包括各种规范伦理学),这仍然是在贯彻我的历史主义,"美学是第一哲学"主要是就个体而言,古今皆然,政治哲学主要讨论个体与群体关系却是当今至少几十年甚或百年最需要研究和解决的首要问题。但政治哲学已是专门学科,这远越出美学和我的领域范围,不能多加谈论了。美学不仅已离此很远,而且已超道德和政治。关于情本体,则前面和我的其他著作都讲了而不少,这里似不必再多饶舌了。留一个空白存题作为提示即可。

作为补充的杂谈

关于"美学是第一哲学"的命题来源,抄一段台湾学者陈昭瑛《荀子的美学》(台大出版中心,2016年,第9页)如下:

> 全神贯注于探究人类本质的青年黑格尔派代表人物费巴哈,在黑格尔哲学的影响之下,称"美学"为"第一哲学"(prima philosophia)[①]以"美学"为第一哲学意味着"发生的优先性"(genetic primacy),也意味着"逻辑的优先性"(logical primacy,或谓"道的优先性")。关于美学的优先性,席勒提出非常深刻的看法。他在《美育书简》中指出审美关涉我们的各种不同能力的整体。他认为一个事物如果只联系到我们的感官,它就具有自然属性;如果涉及我们的知性,它便是逻辑属性;如果涉及我们的意志,它便具有道德属性,但是假如它联系于"我们的多样功能之整体"(the totality of our various functions),而不是一个仅仅针对我们的某种功能的特定对象,

---

[①] 费尔巴哈:《基督教的本质》,荣震华译,商务印书馆,1994,第160页;Ludwig Feuerbach, *The Essence of Christiania*, trans. George Eliot (New York: Harper Row, 1957), pp. 112–113.

那么这一事物便具审美的（aesthetic）属性。①因此"美育"之提倡是为了维护人之各种潜能的整全性。儒家本来就重视人的潜能的整体发展，故孔子主张"君子不器"(《论语·为政》)。荀子于《劝学》亦主张学习贵在"全"，他说："全之尽之，然后学者也，君子知夫不全不粹之不足以为美也。"《劝学》全篇结句则是"君子贵其全也。"从细部来看，礼乐为荀子思想的核心，皆与美学相关。②

这也正是《批判》一书所再三说明的Kant—Schiller—Marx（人的潜能全面实现）之路，从心理角度说，也如以前所说明，美感（审美）四要素集团说是接受和承续Kant审美乃想象力与理解的自由游戏或和谐运动的观点，纠正其过于理性化，而增入情欲（如Freud艺术是欲望在想象中的满足等）、感知（Gombrich《秩序感》)。总之，审美展示的是人的各种心理潜能的实现。而且人各不同，时各不同，形态是直觉性，却仍然是社会时代各种因缘使四种要素集团有大不相同配置组合而成为情理结构复杂繁多的产物。正是Schiller讲的"我们的多样功能的实体"的呈现，其中审美中的直觉性，始终是一个核心问题，其实诸多领域都有这个问题。包括科学和道德领域。我始终认为，直觉将是脑科学未来所探究的一个异常艰难而又必须了解的重大课题，从围棋中的直觉、日常经验的直觉，道德直觉，科学技术中的直觉，艺术创作和欣赏的直觉，人们

---

① Friedrich Schiller, *On the Aesthetic Education of Man* (In a Series of Letters, English and German Facing) (Oxford: Oxford University Press, 1985), 此书多译为《美育书简》，由27封信组成。此段出自第20封信的注释。

② 李泽厚说："礼与乐都与美学相关速。"参见李泽厚：《华夏美学》，社会科学院出版社，2001，第25页。

依靠直觉来生存和生活，品类繁多，异常复杂，各种先验哲学总是将直觉推向或归结于不可解说无所由来的神秘，其实它将归结为未来科学（脑科学和数理科学）的探究，它是一种知来由、可解说，在社会生活渗透下的人类的文化身心现象，亦即某种情理结构。我的《美的历程》一书其实也就是以中国文艺变迁的历史来论证和表明这种直觉趣味（taste）作为心理结构的承接和变异，来表明来论证审美四要素集团不同配置、不同比例、不同秩序、不同分量的构建和组合，它一方面有特定社会、时代、环境的背景等内容，另方面呈现为某种直觉性的感情和感受。我以前多次讲过许多"言不尽意""意在言外""言有尽意无穷""无意为佳"①等等，就都有关于这四要素集团多种不同的配置和构建。它们看似直觉甚至无意识，却是长期锤炼而产生的"非自觉性"成果。这种"非自觉性"很重要，但又仍然与自觉性的琢磨斟酌相关。我举过贾岛"僧敲月下门"诗句时曾因"推""敲"两字多次犹豫不决，后韩愈认"敲"字音更响亮同时也更衬出夜的宁静而定夺，像"鸟鸣山更幽"一样，它突出了感知要素。其实按实情，一定是"推"门而非"敲"门。如果作画，也肯定是"推"而非"敲"，Lessing的《拉奥孔》一书曾指出诗与造型艺术由时（诗）空（造型艺术）不同而引起的感知的审美差异，等等。这显示出人的审美和需求的多样、细致和繁博，显示出作为"情本体"的情理结构的丰富。我也曾提过文人画中的"墨荷"，以黑色的荷叶来衬出红色花朵，儿童会说"不像""不好

---

① "记得一次有位画家送一幅画给我，我请他再画一张送给另一人，这人他不认识。结果画好后远胜过送我的那张。他觉得不好意思，又为我画了好几次，结果仍不如他不经意画的那张。他完全说不出什么道理。这也就是中国传统讲的'无意为佳''宛如天授'。这是非语言也非方法所能界定的创造性，而这创造性又是多年积累沉淀后的突发性成果。"（拙作《中国哲学如何登场？》）

看"，因荷叶应是绿色，残荷也不能是黑的，而画家以黑色入画，却因加入似乎说不清道不明的理解要素而产生出另种深沉韵味，给予人以比绿色远为强烈的美感。一舍弃真实而追求音节响亮的愉快，一舍弃真实而追求深沉的愉悦，为什么？是什么因素和什么心理结构在起作用？好些成功的古代和现代的艺术作品均如此，为什么？它们与人的对自己现在的本体感受有何关系否？……

"美学是第一哲学"是一个非常深刻而广阔的哲学命题，可以从许多不同的角度和方面去探索。美学之所以是第一哲学，我以为其根本也在于人类学历史本体论的哲学总观念是不脱离人类生存延续这一总命题，并成为它的突出展示。Heidegger所惊叹不已的"为何有有而无无""为什么竟是存在者存在而无倒不存在"（《形而上学导论》），Wittgenstein所再三问及的"世界（或事物）竟会存在，这是多么奇怪啊"（《伦理学讲稿》）、"神秘的是世界如此存在着"，他们所追求的这"最后一问"总是这个物自体问题。如前所指出，这个形而上学难题：宇宙为何存在，对人类学历史本体论来说，是不可知从而不去追问或追究的"理性的神秘"。以人格神上帝为心灵为归宿的有意识或无意识背景的哲学或哲人，也就会为这个"无人哲学"或"无人美学"所必然面临的巨大难题所纠缠和烦扰。Heidegger、Wittgenstein两位大家都避而不谈伦理学、美学问题也正因为如此，或认为Dasein决断明天乃绽放存在即包含了伦理学，或认为"价值"与事实无关，无法谈论。拒绝认事实与价值同源的感性与物自体协同共在的设定，就总要碰上"为何有有而无无"的"奇怪"。

但同样背景的法国犹太学者Levinas却提出了"伦理学是第一哲学"，从者甚众。特别在中国，由于传统哲学基本上是伦理学，伦理学作为第一哲学似更是毋庸置疑。但有如Kant指出，"道德不可避免地走向宗教",Kant本人便以"道德的神学"来作为最后的归宿。中国学人特别是儒学家们更是如此,由于中国没有高居哲学之上的宗教,经常是以一个似有似无人格神的"天道""天命""天意"实则仍为纯理性的"道""命""性""理"来作为最后的统领或主宰,其实也就是"第一"哲学,并由它来推演出道德律令和规范。宋明理学的心性论便是如此。写过《中国伦理学史》的蔡元培敏感到此,而提出"以美育代宗教"以求恢复感性的尊严。人类学历史本体论以一个世界观承接此意,提出"美学是第一哲学",强调积淀的感性才是根本,应由理性的伦理道德和宗教上帝回归到世俗感性,并多次提出了"以美启真"(认识论)、"以美储善"(伦理学)和"以美立命"(存在论)即对自身命运从肉体到精神的本体感受、关怀与行动。"第一"之义应指什么也就明白了。

仍如我以前著作《批判哲学的批判》等论著所再三说的:

在审美领域,则表现为积淀的感性。在认识领域和智力结构中,超生物性表现为感性活动在社会制约下内化为理性;在伦理和意志领域,超生物性表现为理性的凝聚和对感性的强制,实际都表现超生物性对感性的优势。在审美中则不然,这里超生物性已完全溶解在感性中。它的范围极为广大,在日常生活的感性经验中都可以存在,它的实质是一种愉快的自由感。所以,吃饭不只是充饥,而成为美食;两性不只是交配,而成为爱情[①];从旅行游历的需要到各种艺术的需要;感性之中渗透了理性,个性

---

① 康德《人类历史起源臆测》一文中曾猜测式地提及这一点:"……是一种艺术杰作,从单纯的官能吸力过渡为一种理想的吸引力,从动物性的欲望过渡为爱情,从而由单纯的快感过渡为美的品评,起初是对人,后推之于大自然对象。"

之中具有了历史,自然之中充满了社会;在感性而不只是感性,在形式(自然)而不只是形式(自然),这就是自然的人化作为美和美感的基础的深刻含义,即总体、社会、理性最终落实在个体、自然和感性之上。当席勒把"游戏冲动"作为审美和艺术本质时,可以说已开始了这一预示。人只有在游戏时,才是真正自由的,个体的人只有在自由的创造性的劳动和社会活动中,才是美的。(《批判哲学的批判》第10章)

也如前所一再指明,**"度"存在于人类生存的物质基层直到人类生存的精神高层**。最初与人的生存技艺紧密相连("对了!"参阅E.Gombrich《艺术的故事》导论),最后又与人生境界("成于乐")相连,**所以美学才成为第一哲学**。我这里所使用的"美学",不是一般的学科意义上的美学,也不局限于审美性质的创作与欣赏活动。这"美"是"天地有大美",是人与天地万物协同行走的"美",这"美学"体现的是人类生存延续以物质性的生活、生产为基础,通由使用——制造工具而改塑生存环境、塑建人性结构的规律性活动过程。这活动贯串情感与认知、感性与理性,贯串内在人性与外在人文、物质前提与精神升华,在最终的意义上,贯串个体生命的天地境界与人类整体的世界和谐。中国传统讲"中庸","中庸之为德也,其至也乎"。"中庸"也就是"度"。"中庸"并非mean,并非"中间",雄飞雌伏、妥协坚持均可以是"度"。它们恰恰是在各种偶然和不确定中适时损益、因时制宜,恰到好处而不断变易地掌握行为活动,从而使族类和个体得到生存延续,这也就是"生生之谓易"。我以为这才是中国精神和中国传统。这个传统使我再次想到,蔡元培以美育代宗教,实际上是紧紧抓住了人类生存这个要点,不是个体灵魂的拯救升天,而是物质生活延续丰富和精神生活的情感高蹈。这才是中国的形而上学。其最终最高的情理结构，便是形而上的"仁""安"，这就是"以美储善"。"以美启真""以美储善"使人作为族类和个体的生存延续区别于其他动物族类，也就是说，不再是生物进化的竞争规则，而是情理结构的文化积淀规则，引领着人类不断加速度地迅速前行。(《由巫到礼 释礼归仁》)

适者生存的偶然性所导致的种族进化，产生了人类，而人类由于使用—制造工具所扩展的自由，突破了生物种族的进化规律，享有了自身独有的生存、延续和发展之路。这也就是自然向人的生成。

"自然向人生成"，是个深刻的哲学课题，这个问题又正是美学的本质所在。自然与人的对立统一的关系，历史地积淀在审美心理现象中。它是人所以为人而不同于动物的具体感性成果，是自然的人化和人的对象化的集中表现。**美不只是一个艺术欣赏或艺术创作的问题，而是"自然的人化"的这样一个根本哲学—历史学问题。**美学所以不只是艺术原理或艺术心理学，道理也在这里。(《批判哲学的批判》第10章)

自《美学四讲》后，我离开美学领域整三十年，对国内外美学情况，知之极少，不便谈论。但大体看来，自分析美学占据统治地位数十年之后，由于与现实生活严重脱离，而这期间与科学技术和经济迅猛发展同步，生态恶化、市场化商品化的生活景貌和实质突出加重，个体欲求的速增，人际关系的淡薄，暴力、吸毒、漂泊、性泛纵、抑郁、无聊……使得"生态美学""环境美学""生活美学"应运而生，开始旺盛，它们在探讨研究许多具体问题上当有贡献和益处，却未能在哲学上有所突破，例如就没有去回答人生究竟是在有限中求无限,还是浮士德精神的无限追求,是中国传统的"空而有",还是Heidegger的"畏且烦"。例如我戏称之为姚文元美学(参阅《美学三题议》)却当今流行在西方的"生活美学",便只是在日常生活的经验描述和现象解释中做出某种概括性的不成为理论的理论,虽然比当年姚文元的水平有天壤之别,但在方法论上却非常类同,并没有超过John Dewey的《艺术即经验》。而《美学四讲》中所提出的社会美、自然美两节倒正是生活美学、环境美学的基础,只有贯彻实践美学狭义实践的基本观点〔亦即工具本体(工艺—社会结构)在现代日常生活中的基础性、方向性和动力性〕,着重由高科技带来今天社会生活的时空、速度、节奏、韵律、关系的变异(如手机、电器、互联网、高铁等等),使美作为自由的形式,美感两重性和四要素集团以及人与人、人与自然、人与环境的关系的变化发展,来探讨从城市设计到家园意念、从陌生化到现代丑、从乡愁到禅意等等的各种复杂交错,来探索和展示人性的生成和发展,而与如何渗透中国传统"情本体"哲学联结起来。至于以生物本身为立场即完全脱离人类生存延续的所谓生态美学、生命美学以及所谓超越美学等等,大多乃国外流行国内模仿,较少原创性格,它们都属于"无人美学",当然为实践美学所拒绝。

例如,社会美中的"异化"问题,我提过"异化的快乐",认为"异化"并非全是负面的,Marx当年主要是从被迫劳动的角度提出这一问题,但在社会生活的许多领域中,不仅异化在社会现实中是必要的,而且在心理层面上也是快乐的,其中有智慧的愉快(对自己直觉、判断、推理的正确),有功利、道德的愉快(事业、功绩、成果、精神的存在),有实现自己潜能的独特性的愉快,其中也就包含有以超脱心境做旁观者的无功利欣赏的审美的愉快。以前说要从"所有"异化中解放出来,是不准确不正确的。许多人都提过老工匠在手工制品中由技而艺的自由享受（快乐），其实，在遵循道德律令的前提下，为科学而科学，为艺术而艺术，甚至为赚钱而赚钱，其过程和成果都可以有此。分工对社会是必须（认为分工将消灭是不可能、不必要和不正确的），异化也如此。又如，前面已经说过，在社会美中，对日常生活、工作休息、人际关系、起居饮食等等，随个性、需要和环境、规范等不同，去把握和建立与自己相适应的"度"，便可以有生活感（享）受的美。美在这里也正是自由的形式。凡此种种，也都是作为实践美学的"美学作为第一哲学"命题所应说明的问题。

其中，最为突出也最为重要的，是偶然性问题。1989年我的主体性哲学《第四论纲》的最后一句是："人性、情感、偶然，是我所企望的哲学命运主题，它将诗意地展开在二十一世纪"。人性、情感近年来我倒有了一些论说，只"偶然"尚未，因为此题太难。本想写本小书"论偶然"，从Epicurus、庄子、郭象谈起，但年衰体弱，已非力所能及，这次只好知难而退了。

由这个不可知晓的"物自体"生发出万物和人类就很偶然，你、我、他（她）的个体存在更如此，百万精子与卵子的偶然遇合产生了这个"偶然"的你、我、他（她），更不问以后一生在遭遇的各种大量的偶然了，更不用说今日全球一体化时代个体偶然性的无限扩大了。这扩大也就是你、我、他（她）将面临着更多的选择性、可能性，突出了决断明天的此在的急迫性，从而反过来使人生的虚幻感、空无感愈益扩大。这一切意味着什么？只有上帝是可靠的，但上帝存在吗？上帝早已死去。没有上帝信仰使如何度过此生变得更为悲怆和紧迫。美学作为第一哲学，能回答和展开这一问题吗？宗教和上帝或将永存？这些又意味着什么？

替代宗教和先验理性等等，我曾提出"历史进入形上"，将这个世界的历史性经验抬至顶峰，背负历史，将作为自己有限性存在的感伤、眷恋、了悟、珍惜等来替代上帝的恩典、神启和救赎？也如前我所强调，历史并非与你、我、他（她）无关的过去的事迹、人物、因素、虚构，而是由我们承续下来的日常生活和离合悲欢。"活"并不容易，对人类、任何群体和个体都如此。如何能活下去，采取何种活法，从"为活而活"（仍然是"活"并不容易！）到牺牲即放弃"活"。"活"的意义又在哪里？正是这些形成和创造了历史。但又恰恰是历史，充满了影响亿万人众（空）和无穷后代（时）的最多的偶然。人所熟知审美和艺术有极大量的偶然，人生、生活特别是政治更何不如此？如多次提及的慈禧早死晚死，革命党人暗杀袁世凯（失败）良弼（成功）的结果相反，蒋介石在中山舰事件后走了，等等等等，将对当时和后代的个体产生多大作用？如何尽量避免某些偶然，便是"论偶然"分派给政治哲学的重要任务。1979年拙作《中国近代思想史论》结尾曾提出偶然与必然是历史哲学的主要课题。对个体来说"知命者不立于危墙之下"亦然。历史学家许倬云说，只有人类和个体真实（大意如此）。但这"真实"正是在各种偶然和"逃避"偶然中的存在和走过，特别对个体来说如此。从废墟到古迹到"山形依旧枕寒流"，中国古典诗文艺术中对"物是人非"的不断提示，将各种个体有限性存在的时间性和死亡感的展开，便使过去成了当下，它以深沉的情感deny一切，提醒你的"去在"（Dasein）该好好把握。有限的时间性感伤指向了永恒性的质疑和历史性的寻找，寻找得到的不就是那并不专属于自己的存在吗？不过是滚滚洪流中的渺小偶然吗？也如前所说，时间是理性的，有空间的，共同的，因果的，由科学探索的，一去不复返的。时间性则是情感的，超具体时空的，个体的，非因果，由艺术表述的，可往返重叠的。从而，Heidegger以混沌的"人生在世"(being in the world),取消清楚明白、主客二分,用无法说清的Sein和"去在"(此在,Dasein)来反理性、反启蒙、反高科技和人文进步,便真能取代百万年以上人类作为思维工具艰辛树立起来的二元分离和"度""数"("计算")等理性方式以维持、延续和发展"人活着"这一基本命题(亦即人类和个体的生存延续)至今所取得的伟大成就吗?他那非历史或假历史之名的"说不可说的神秘"空洞,能了解这偶然性的具体历史所造就的亿万真实人生的艰难、痛苦和对它们的克服吗?今天许多反人类中心说实际是要回到中世纪的专制主义的神学中心论去。当然,时间并不永恒,个体都会消失,永恒只在人的珍惜中,只有在与他人共在的情感中去剔除死亡,偶然性的"事业""生活"将继续存在,这是非本真中的本真。在时间性的珍惜中留住时间,主观情感中时间性的珍惜将历史在审美中获得精神上的升华。反思判断力中多种心理功能的审美协调使Kant那不可认知的"超感性基体"具有了实在性和可经验性,从而历史进入形上使情本体成就为审美的形而上学,美学也从而最后成为第一哲学。这样,汉的宴席挽歌,魏晋感伤,唐的眷恋,宋的了悟,明清的世俗欢乐,情本体(情理结构)的时间性让你去努力珍惜此生此世。如前所言,与心性论不同,情本体乃无本体,"春花秋月何时了,往事知多少""云开远见汉阳城,犹是孤帆一日程",既可以是感伤,又可以是焦灼,可以是无奈,还可以是懒洋洋慢悠悠。"道可道非常道",不可捉摸、从未确定的"道"才是真实的道。即使"四大皆空",人还得活,偶然性多种、各种的姿态展开在你的眼前、心上,你得自己去选择、去把握、去寻求、去确定自己的命运。"问君能有几多愁,恰似一江春水向东流""梧桐更兼细雨,到黄昏、点点滴滴。这次第,怎一个愁字了得!""春去也,飞红万点愁如海",不要嘲笑、轻视、贬低Sentimental,多愁善感中包含有时间性的珍惜。但是，要那么多占满时空的"愁"又能干什么呢？推开愁、忧，无需烦、畏，面对偶然，去自己立命。这一切又可能吗？你、我、他（她）的命运和诗意的栖居究何在？包括异化的快乐能面临如此之繁杂凶险的偶然吗？降生在世的这个偶然却真实的你、我、他（她），如何能以情感从而以行动来对待这么多的群体和个体的偶然，于大不确定中寻觅确定，于非本真中求本真，让"空而有"的人世爱使虚无消灭！可能吗？对于没有归宿天堂信仰的个体该如何办？又如何去"以美立命"？……

慢慢走，欣赏啊！慢慢走，思考啊！

"美学是第一哲学"于焉告结。

（本辑摘自《与刘再复的美学对谈录》2009、《论实用理性与乐感文化》2004、《伦理学新说述要》2018。《作为补充的杂谈》新作于2019）

附录一

李泽厚著作年表简编
（均为中文初版）

1957年
《门外集》，长江文艺出版社。

1958年
《康有为谭嗣同思想研究》，上海人民出版社。

1979年
《批判哲学的批判——康德述评》，人民出版社。
《中国近代思想史论》，人民出版社。

1980年
《美学论集》，上海文艺出版社。

1981年
《美的历程》，文物出版社。

1985年

《李泽厚哲学美学文选》，湖南人民出版社。

《中国古代思想史论》，人民出版社。

1986年

《走我自己的路》，北京三联书店。

1987年

《中国现代思想史论》，东方出版社。

1988年

《华夏美学》，新加坡东亚哲学研究所。

1989年

《美学四讲》，香港三联书店。

1994年

《李泽厚十年集》六卷本，安徽文艺出版社。

1996年

《回望二十世纪中国》（与刘再复合著），香港天地图书有限公司。

《李泽厚论著集》十卷本，台湾三民书局。

1998年

《论语今读》（初稿），香港天地图书有限公司。

《世纪新梦》，安徽文艺出版社。

1999年
《波斋新说》（又名《己卯五说》），香港天地图书有限公司。

2002年
《浮生论学》（与陈明合著），华夏出版社。
《历史本体论》，北京三联书店。

2005年
《实用理性与乐感文化》，北京三联书店。

2006年
《马克思主义在中国》，香港明报出版社。
《李泽厚近年答问录》，天津社会科学院出版社。

2008年
《人类学历史本体论》，天津社会科学院出版社。

2009年
《李泽厚集》十卷本，北京三联书店。

2010年
《伦理学纲要》，人民日报出版社。

2011年
《哲学纲要》，北京大学出版社。
《该中国哲学登场了？》（与刘绪源合著），上海译文出版社。

2012年

《中国哲学如何登场?》(与刘绪源合著),上海译文出版社。

《说文化心理》,上海译文出版社。

《说巫史传统》,上海译文出版社。

《说西体中用》,上海译文出版社。

《说儒学四期》,上海译文出版社。

2014年

《回应桑德尔及其他》,北京三联书店。

《李泽厚对话集》七卷本,中华书局。

2015年

《由巫到礼·释礼归仁》,北京三联书店。

《什么是道德?——李泽厚伦理学讨论班实录》,华东师范大学出版社。

2016年

《人类学历史本体论》,青岛出版社。

2017年

《伦理学纲要续篇》,北京三联书店。

2018年

《李泽厚散文集》(马群林选编),世界图书出版(北京)有限公司。

2019年

《中国文化书院八秩导师文集·李泽厚卷》(马群林编),东方出版社。

《寻求中国现代性之路》(马群林编选),东方出版社。

《人类学历史本体论》三卷本(《伦理学纲要》《认识论纲要》《存在论纲要》),人民文学出版社。

《伦理学新说述要》,世界图书出版(北京)有限公司。

(马群林辑)

编后记

出这本书,自一开始,李先生就持坚决反对的态度,认为无何意义,如同近年他已推掉的众多稿约一样。怎奈出版社锲而不舍,并请出先生的好友刘再复教授……几番下来,李先生便也只好勉强应允并委托我来编选。

李先生是当代中国美学的一个里程碑式的人物,影响力罕有其匹。上世纪五六十年代,在第一次美学大论辩中,先生脱颖而出,开宗立派,创建了与"朱光潜派"("主客统一论")、"蔡仪派"("绝对客观论")相并立却更富有思想成果、影响更为深远的"李泽厚派"("客观社会论"),"五十年代最辉煌的是李泽厚"(杜书瀛语),从而奠定了先生在中国当代美学史上的地位。新时期的十年(1979—1989),李先生更是开时代之先声,以其极富创造性的思想,成为"青年一代的美学领袖与哲学灵魂"(李黎语),在大陆当代思想文化界产生了"笼罩性影响"(甘阳语)和"全局性影响"(钱理群语)。这一时期,李先生出版了著名的"美学三书"(《美的历程》《华夏美学》《美学四讲》),为实践美学构建了原创性的完整哲学框架和理论系统,提出并阐释了一整套美学新范畴、新命题、新视角。九十年代以后,李先生旅居海外,其哲学和美学思想不断拓展、延伸、完善。可以说,"在二十世纪的中国美学发展史上,李泽厚是一个创造了独特命题和一整套美学语汇的唯一学者,也是一个真正具有美学体系的美学家。"(刘再复:《李泽厚美学概论》)。

编后记

作为当代中国最有原创性、最具系统性的哲学家和美学家，"二十世纪审美文化领域中伟大的思想家"（［意］Mario Perniola：《当代美学》），李先生入选了著名的《诺顿理论和批评选集》（*Norton Anthology of Theory and Criticism*）第二版（2010）。这是一部在世界范围内最全面、最权威、最有参考价值的文艺理论选集。李先生是唯一入选的中国学人，《美学四讲》在与古人刘勰《文心雕龙》、陆机《文赋》和叶燮《原诗》比较中居然取得头筹。第三版（2018）全书增删更替十余名，李先生仍被保留，在"后殖民""大众文化"类别下添加了一名华裔美国文论家周蕾（Rey Chow）。"李泽厚"在第二、三版中均被列在三个条目之下：（1）"美学"，（2）"马克思主义"，（3）"身体理论"。其中，"美学"类别最引人注目。此类收入十余位学者，大都是西方哲学史上声名赫赫的第一流大哲学家，如休谟、康德、莱辛、席勒、黑格尔等，李先生则是其中唯一的非西方哲学家，从而，"足以使他当之无愧地跻身于世界最伟大的文艺理论家之列"。（［美］顾明栋：《原创性是学术最高成就的体现》）

但是，自1989年《美学四讲》出版之后，李先生就"告别了美学"，没有再去碰它。那么，这本美学文录又该如何去编选呢？

先生云，我是根本不情愿出这种书的，但既然非出不可，就不应是只炒冷饭，凑集几篇，希望在体例、式样和风格上尽量编出点新意来，文录也可以主要是"文摘"。因而，我虽受先生之托忝列为编选者，其实，从体例设计、文章摘录到篇目选定等等，均是在李先生的悉心指导下进行的。可以说，这本书就是先生本人亲自编选的，包括书名，亦是先生最后敲定的。但是李先生并不满意，认为包括最后一篇都有许多需要修改和增补的地方，他说如"前记"中所言，年老体衰，力不从心，一时实在做不成了，得请读者原谅。

这本文录绝大部分是先生十多年前、三十多年前、个别甚至六十多年前的旧作；最新的一篇乃先生专为此书撰写的《作为补充的杂谈》(2019)。将这些写于不同时日的文章，在短时间之内，经过摘录、组合、拼接而构成现在这六个专题二十二篇，其论述之跳跃、重复，也就在所难免了；但同时倒也突显了李氏美学的哲学特质，即直接隶属于他的人类学历史本体论哲学构架并在其中占据了突出地位。这六个专题勾勒和呈现了李氏美学从"自然的人化"到"人的自然化"、从提出"积淀说"到确立"情本体"以及阐释"理性的神秘""美学是第一哲学"等等基本理论脉络，并最终发现和走向的是那理性与情感错综交织所构成的"情理结构"，亦即"情本体"(emotion as substance)。正如刘再复先生所言，李氏美学是"拥有哲学—历史纵深度的哲学家美学"，是"大观美学或通观美学"。因而，较之《美学四讲》(1989)，我觉得，此文录在哲学的开掘与提升上、在视角的维度与深度上似乎更进一层，旨意亦更为深淳。愿李先生在告别美学三十年后所推出的这本小书，能给大家带来更为宽广的思考空间。

这里，特别要提及程广林（中国社会科学院文学研究所研究员）先生，他是此书最早倡议者并提供了最初的目录。没有他的坚持，就不会有此书。但程先生后又以此书是李先生与我酌定为由，虽经我们多次诚邀，却执意不肯列入编选者。在此，谨向程先生表达我的敬意。

最后，亦感谢山东文艺出版社田雪莹女士的鼓励、理解和支持。

马群林　2019年3月